“十三五”国家重点研发计划项目
绿色施工与智慧建造关键技术（2016YFC0702100）资助
施 工 全 过 程 污 染 物 控 制 技 术 与 监 测 系 统 研 究 及 示 范
（2016YFC0702105）课题成果之一

施工全过程污染控制指标体系指南

陈　浩　肖　坚　主　编
刘宏成　彭琳娜　华建民　叶少帅　王海兵　副主编

中国建筑工业出版社

图书在版编目（CIP）数据

施工全过程污染控制指标体系指南 / 陈浩，肖坚主编．—北京：中国建筑工业出版社，2020.7

ISBN 978-7-112-25024-0

Ⅰ. ①施… Ⅱ. ①陈… ②肖… Ⅲ. ①施工现场-污染控制管理-指南 Ⅳ. ①X799.1-62

中国版本图书馆 CIP 数据核字（2020）第 059337 号

本书是“十三五”国家重点研发计划项目的成果总结。全书共七章包括：第一章 绪论；第二章 噪声污染；第三章 扬尘污染；第四章 光污染；第五章 有害气体污染；第六章 水污染；第七章 应用案例。

本书适合广大施工单位和施工管理单位人员阅读、使用。

责任编辑：张伯熙 曹丹丹
责任校对：李美娜

施工全过程污染控制指标体系指南

陈 浩 肖 坚 主 编
刘宏成 彭琳娜 华建民 叶少帅 王海兵 副主编

*

中国建筑工业出版社出版、发行（北京海淀三里河路 9 号）
各地新华书店、建筑书店经销
北京鸿文瀚海文化传媒有限公司制版
北京建筑工业印刷厂印刷

*

开本：787 毫米×1092 毫米 1/16 印张：9 字数：204 千字
2021 年 8 月第一版 2021 年 8 月第一次印刷
定价：**36.00** 元
ISBN 978-7-112-25024-0
（35786）

本书编委会

前　言

人类文明的演进历程始终伴随着对资源的掠夺和对自然生态环境的破坏，特别是工业社会以来，人类活动的范围迅速扩大，对自然资源利用的广度和深度急剧增加，人类不再满足于基本的生存需要，而是不断追求更丰富的物质和精神享受，对物质财富的过度追求和资源环境承载能力之间的矛盾变得异常突出。

当前，我国经济建设的成就举世瞩目，居民生活水平也得到快速提高。经济的发展在给人们提供前所未有的物质文明和精神享受时，也给自然环境造成了巨大的压力。当前，我国面临着资源短缺、重点流域水体污染、城市空气环境恶化、生态退化等严重的环境问题，这些问题必须得以重视，我们要下大力气转变发展思路，改变现状。

党的十九大报告指出：建设生态文明是中华民族永续发展的千年大计。必须树立和践行绿水青山就是金山银山的理念，坚持节约资源和保护环境的基本国策，像对待生命一样对待生态环境，统筹山水林田湖草系统治理，实行最严格的生态环境保护制度，形成绿色发展方式和生活方式，坚定走生产发展、生活富裕、生态良好的文明发展道路，建设美丽中国，为人民创造良好生产生活环境，为全球生态安全作出贡献。

建筑业作为国民经济中的重要物质生产行业，它具有资源消耗大，污染排放集中，覆盖面和影响面广的特点。特别是施工过程中需要消耗大量的水泥、钢材、木材、玻璃等材料，同时产生大量的有害气体、污水、噪声、光和扬尘等污染，影响现场及周边公众的生产生活，也给城市造成负面环境影响。近年来，国家针对施工现场污染控制出台了一系列政策和标准规范，“绿色施工”的概念被提出，绿色施工作为绿色建筑全寿命期中重要一环，是可持续发展思想在工程施工中的应用，它随着可持续发展和环境保护的要求而产生，对施工过程中的污染控制提出了一系列要求。

但是，我们也发现在对施工现场有害气体、污水、噪声、光和扬尘这五类主要污染物的控制，还存在主要针对单项污染开展、控制与监测脱钩以及污染监测手段落后等问题。在此情形下，由湖南建工集团有限公司牵头国家重点研发计划课题“施工全过程污染物控制技术与监测系统研究及示范”（课题编号：2016YFC0702105），协同中国建筑第二工程局有限公司、重庆大学、上海市建筑科学研究院（集团）有限公司、湖南大学等单位共同开展针对施工现场有害气体、污水、噪声、光和扬尘污染五类主要污染物的形成机理、影响范围及危害、控制指标、控制技术及监测技术等研究。该课题属于国家重点研发计划“绿色建筑与建筑工业化”专项中“绿色施工与智慧建造关键技术”项目（项目编号：2016YFC0702100），该项目旨在通过施工绿色化、装备设施成套化、建造智能化等手段解决目前困扰施工现场管理升级和技术进步的各类问题，从而研发出下一代绿色施工和智慧建造核心技术与产品。而本课题从施工现场各类污染源研究着手，分析污染产生的原因、组成和扩散机理，寻找控制和监测污染的方法，最终达到降低或消除各类污染的目的，是施工绿色化的根本，也是“绿色施工与智慧建造关键技术”项目不可分割的重要组成部分，更是项目要攻克的关键技术之一。

课题组经过三年多的时间，对施工全过程有害气体、污水、噪声、光和扬尘五类主要污染物的扩散机理进行研究，并在全国30个省、市、自治区进行调研，结合十几个在建工程施工现场进行实践和示范，编制形成《施工全过程污染控制指标体系指南》《施工现场有害气体、污水、噪声、光、扬尘控制技术指南》和《施工现场有害气体、污水、噪声、光、扬尘监测技术指南》三本书籍，旨在对施工全过程污染控制指标体系、控制技术和监测技术等提出建议，供同行在进行施工现场污染控制时参考，同时，也希望能为我国绿色施工环境保护相关政策制定、技术开发的理论提供支撑，能助推施工现场的技术创新，施工企业的转型升级，也为施工现场污染的大数据形成提供支持，最终实现减少排放、提高资源再生利用、减少施工扰民、改善居民生活环境、降低社会综合环保成本，推动我国绿色施工，实现建筑业可持续发展。

本书主编单位有：湖南大学、湖南建工集团有限公司；参编单位有：重庆大学、上海市建筑科学研究院（集团）有限公司、中国建筑第二工程局有限公司。本书是国家重点研发计划课题“施工全过程污染物控制技术与监测系统研究及示范”（课题编号：2016YFC0702105）成果文件之一，与其他两本出版成果《施工现场有害气体、污水、噪声、光、扬尘控制技术指南》《施工现场有害气体、污水、噪声、光、扬尘监测技术指南》配套使用，将形成施工现场有害气体、污水、噪声、光、扬尘这五类污染物从控制指标到配套的监测方法，直至控制技术建议的全套参考书籍，能为推动我国施工现场污染物的源头减量、过程控制和末端无害起到很好的指导和借鉴作用。

在编写过程中得到中国建筑集团有限公司首席专家李云贵博士、中建技术中心邱奎宁博士和中国建筑业协会绿色建造与智慧建筑分会于震平教授级高级工程师的大力支持，在此特别感谢！由于作者水平有限，本书在编写中存在的缺点和不足在所难免，请读者提出宝贵意见。

目　　录

第一章

绪论

第一节　研究背景

工业与民用建筑活动是人类得以生存和发展的重要活动之一，其在人类社会发展进程中有着举足轻重的作用，为人们的生存和生活提供场所和物质基础。然而，建筑生产这一活动直接或间接地作用于整个地球自然环境，在建筑生产的整个过程中，土地的开发利用，建筑用材的制造、加工、运输，各建筑物的施工建造以及建成后的运营维护所消耗的资源与能源等都与自然环境有着紧密联系，并对其产生重要影响。

1. 全球建筑业环境状况

在进入到21世纪后，伴随着全球经济的高速发展和社会快速进步的同时，很多严峻问题也相应地出现在我们的面前：空气污染、温室效应及全球气候变暖、水污染及水资源不足、固体污染、臭氧层出现空洞、土地荒漠化、酸雨的产生、自然资源的不断减少、生物多样性锐减等。这些环境问题的出现，不但对地球上人类与经济社会发展构成巨大危害，而且还影响到所有现存的生物。

根据Moavenzadeh的研究指出：建筑行业在形成整个社会物理环境方面起着关键的作用：它建造出来的产品主要成为工业厂房、商用设施和居住房屋，而且提供不可或缺的生活设施给人们使用，但同时绝大部分的研究人员也都持有建筑对生态环境造成非逆转的破坏这一观点，主要包括以下几点：

- 可耕地及种植面积的大量减少；
- 森林、湿地与海岸线地区（如我国的海南岛）的开发建设造成生物种类的破坏与减少；
- 建筑材料的运输及建造过程中对大气的污染；
- 对大量不可再生资源的消耗；
- 由于管理不善造成大量废弃物排放；

• 对水资源的消耗和水污染；
• 施工过程产生噪声污染；
• 建造过程和建筑运营阶段消耗大量能源；
• 项目现场临时食堂和商店等管理不善使得蚊蝇和啮齿类动物的滋生。

据有关资料显示，整个欧洲由于建筑活动所造成的环境负荷占总环境负荷的20%～40%，建筑照明用电占总能耗的25%～35%，生产与运输建筑材料所耗用的能源占到总能耗的10%左右，整个欧洲用在建筑使用阶段所消耗的能源约占到总能源的一半，而这些能源很大部分来自于不断减少的不可再生的原油。Sjostrom 和 Bakens 也指出：在欧盟，建筑消耗的能源占到欧盟能源使用总量的近40%，并且产生了30%的 CO_2 温室气体排放物与40%的废物污染。同时，日本有关研究人员也研究指出：建筑物建造过程及使用阶段对周边环境产生的污染占到生态环境总污染的34%。其中，包括气体污染排放物、水资源污染、光污染、固体废弃物污染、辐射污染等。据统计，建筑施工与运营维护阶段消耗掉将近全球能量的50%，主要包括了灯光照明、热水供应、取暖、通风、冷气使用等。由于建筑活动所消耗的能源占到整个地球消耗总能源的一半，占自然资源总量的40%；全世界有将近40%的砂、石块、25%的原木被开采用于建筑的建造，同时也成为最主要的污染来源之一：有将近一半的二氧化碳气体来自于与建筑生产有关的材料制作、加工、运输、建筑施工、建筑使用及日常管理等能源的消耗，由建筑相关产生的各类垃圾量约占整个垃圾总量的40%。

Levin 通过研究得出：建筑对资源的占有率及对环境造成污染其比例分别为：30%的原材料消耗，25%的水资源消耗，12%的土地资源开发利用，40%的能源与污染物排放诸如40%气体排放物，20%污水排放，25%固体垃圾废物和13%其他排放物（光污染、电磁污染等）。

2. 我国建筑业环境现状

随着我国科技水平的不断发展，国家经济实力的不断提升，我国的社会建设在各方面均取得了突出的成就。但是与此形成对比的是，我国的环境状况日益严峻，水源污染、土地荒漠化、空气污染等问题成为我国社会进步的一大阻碍，而大自然是人类赖以生存的唯一家园，环境保护与社会进步之间的协调成为我国政府乃至世界其他国家政府所高度关注的重点。保护环境需要从多个方面入手，其中最重要的两个方面是：环境整治和资源节约。进入21世纪以来，我国资源紧张和环境污染的问题愈发严重，之前以牺牲环境为代价换取GDP增长的发展模式是不可取的，我国政府越来越强调可持续发展的重要意义，节能与环保成为我国经济建设的主流趋势。

建筑行业包括了房屋建设、配套设施安装、房屋维修以及与之相关的一系列咨询、勘察、规划设计和施工。在这一过程中将消耗大量的资源和能源，并对自然环境产生一定的负面影响。根据数据统计，人类目前所获得的能源和资源中的50%都被用于建筑施工行业，建筑物的建设和使用过程中会产生各类污染物，全球二氧化碳排放量的近50%，空气污染物排放量的25%，水污染物的39%以及固体废弃物的18%，都与建筑行业相关。

为确保建筑行业能够可持续发展，实现绿色施工和环保技术的应用，就必须在具体实践中加强绿色施工观念的普及，推进绿色施工技术的研发应用，为探索出节能环保和高效率的施工方式做出相应的贡献。在此背景下，绿色建筑的观念逐渐兴起，并被推广和广泛研究。绿色建筑以持续发展和绿色发展为基本理论指导，顺应了国际建筑市场发展的主要方向，该理论的最终目的是为了在满足现代化建筑业发展需求的基础上，实现节能环保的最终目标，促使建筑行业的持续发展。

施工阶段是建筑过程中最为核心的阶段，同时也是对环境产生最大破坏力的阶段之一。故从施工环节上加强资源的节约和环境保护，是实现绿色建筑目标的核心，也是其关键环节。21世纪初，我国相关建设部门制定并下发了一系列的以如何执行绿色施工为主要内容的规章，在规章中明确了绿色施工的具体概念，并指出要想实现绿色建筑的可持续发展，就必须大力推广绿色施工。

绿色施工的系统性较强，对于信息化和一体化的要求较高，而且施工方必须具备相当的技术水平和工程组织能力。要践行绿色施工的理念，除了要求施工方具有一定的环境保护意识，还需要有较强的绿色理念实现其能动性。要实现这种能动性，就需要一套完整的评价体系作为保障，以此实现对建筑施工的检查和管理。这一评价体系的设立，必须要以我国建筑行业的现状为现实基础，除了达到对施工的管控目的外，更重要的是做到对施工进程的指导。由于绿色施工的理念提出不久，我国众多施工单位对绿色施工的实施还缺乏经验，所以对于绿色施工的管理和指导是十分必要的。与传统的施工方式相比，绿色施工对于能源和资源的消耗，对建筑废料的产生的控制更加严苛。目前，我国各级政府对于建筑行业的绿色施工理念的贯彻越来越重视，绿色施工对于实现国家经济的可持续发展、转变经济发展模式以及保护城市环境，提高城市宜居水平等具有重大的现实意义。

第二节 研究目的

我国正处于经济的高速发展当中，资源消耗量巨大，环境破坏形势严峻，而占到国内生产总值比重高达50%以上的建设工程项目投资在为我国城镇化贡献力量的同时也消耗了大量资源并排出了大量污染物，但却是不可避免的。可持续发展观、绿色理念不是要求资源的零消耗和环境的绝对原生态，而是应该高效合理利用资源和对环境产生最小影响。因此，我们需要在工程项目建设和资源消耗、环境保护之间找到平衡点，树立可持续建设、绿色工程项目管理的标准，避免高能耗、高投入、高污染的工程项目，促进建设项目与人类社会的共同健康发展。工程项目建设中的施工过程与环境的接触最为紧密，一次性影响程度大，当前的噪声污染、扬尘污染、光污染、有害气体污染和水污染受到人们的普遍重视，并且这些污染对环境的不利影响贯穿施工的全过程。

因此，“十三五”国家重点研发计划“施工全过程污染物控制技术与监测系统研究及示范”课题（以下简称“本课题”）旨在从噪声污染、扬尘污染、光污染、有害气体污染和水污染五个方面分别进行研究，探索污染物控制指标体系。

第三节　研究意义

经济“绿色发展”的理念越来越受到民众和政府的重视，实际上对于我国的大型施工企业，绿色施工并非一个全新的理念，但是绿色施工理念提出的时间并不长，相关的规章和制度并不健全。此外，建筑施工是一个相对复杂的过程，相关的评价体系并不能完全契合施工进程的客观要求，这使得我国的绿色施工理念的实现与推广进程十分缓慢。

本课题以绿色施工的内涵为论述基础，在充分研究绿色建筑相关理论的前提之下，探讨了我国施工污染评价的现状，结合实际的建筑案例和我国建筑施工行业的现实情况，建立起有效的建筑施工污染物评价体系，对现行污染物评价中不完善之处进行完善，并对实际建筑工程案例进行有效评估。最后，对整个研究过程以及成果进行总结，为我国建筑行业发展提供一定的借鉴，使绿色施工理念的实现更加标准、规范。通过绿色施工理念的贯彻，一方面提高我国建筑工程项目的经济效益和环境效益，另一方面逐步推动我国绿色经济模式的发展。

第四节　国内外研究现状

1. 国外研究现状

国外绿色施工理念的提出者是 Kibert。他认为人类有必要在建筑的整个过程中提高资源利用率，减少对环境的负荷。随着可持续施工理念的成熟，相关研究也开始逐步展开，Tam（2004）建立一个绿色施工评估体系（GCA），利用非结构性模糊决策支持系统评估建设项目在绿色施工管理绩效和操作性能两类指标上的表现。考虑到绿色施工的目的之一是保护环境，于是发达国家相继在 2009 年前后制定出关于绿色工程的评价体系，较为著名的是日本的 CASBEE 体系、英国的 BREEAM 体系、美国的能源及环境设计先导计划（LEED）等。这些体系给绿色建筑人员研究绿色施工管理体系带来灵感，具有启发作用。最终，建筑师 Lam（2010）把保护环境与可持续发展相结合，提出了一种施工管理体系，该体系以 EMS 为基础，实现建筑行业的可持续发展。

归纳可知，国外的绿色施工理念的萌芽和评估标准的设立均起步较早，在理念和标准不断成熟的过程中，完成了与其本国国内现状的实践性契合。但是由于中国建筑行业的发展情况和实际技术水平与国外均有一定差别，其中许多的理念和经验并不能被中国国内的建筑设计和施工者直接利用。

2. 国内研究现状

国内最先提出可持续发展战略的文件是1994年5月发布的《中国21世纪议程》，它也是用于指导中国在比较长的一段时间内社会经济发展总的纲要，文件也较明确地提出如何在工程项目方面施行绿色操作。

实施可持续发展战略，节约高效利用生态资源、更好的保护环境，我国政府、相关部门也及时地出台了相关的法规、规范等。建设部发布的《民用建筑工程室内环境污染控制规范》GB 50325于2002年1月1日正式施行；2002年6月25日国家质监局做出《关于实施室内装饰装修材料有害物质限量10项强制性国家标准的通知》；2004年国内绿色施工开始在北京推行实施；2005年10月国家发布了绿色建筑技术导则，用于全面指导绿色建筑的实施，为绿色建筑提供了相应的标准。

我国于2007年发布了绿色施工导则，它是国内第一部比较清楚指导如何绿色施工的文件，给出了绿色施工大的框架及其要点。绿色施工导则为绿色施工在国内的推行提供了一个良好的依据，可以较好用于指导工程的绿色施工。从当前各大中城市各个建筑施工工地实际情况来看，大多数建筑施工工地是按照《中华人民共和国清洁生产促进法》中的有关要求执行。国内的大多施工单位其实并没有主动地去推行绿色施工、实施绿色施工。施工企业没有真正从主观能动性去践行绿色施工，没有将绿色施工的意识、绿色施工的先进技术及绿色施工科学的管理模式推行、发展；反之，先进的绿色施工技术在某种程度上来说，并没有发挥到其应该被利用的水平；并且，建筑商没有将在工程施工中的绿色施工水平作为其可以在以后经营的核心竞争力来看待，从而也就没有高效利用资源、保护环境。

2010年住房城乡建设部发布了《建筑工程绿色施工评价标准》GB/T 50640，该标准的实施对于我国绿色施工评价作用的开展起到了指导性的作用，绿色施工评价工作开始在我国逐步推广开来。

在政府颁布了一系列的规范和标准后，我国的众多学者开始了对于绿色施工的研究探讨。田宝华等人以目前国内的绿色施工现状为切入点进行分析探讨，并提出了相应的改进建议。武小菲等人经过研究发现：运用模糊综合分析法可以将影响绿色施工的相关因素结合起来进行权重的判定。田禾认为：传统施工中存在问题颇多，对于环境的污染程度较大，应该将绿色施工观念不断推广以期提高施工技术和施工管理能力。同时，绿色施工的推行，还可以进一步的降低建材成本，给建筑企业带来较大的施工利益。吴芳认为：在施工过程中会给环境带来诸多难以预料的问题，故施工方应该从环境、施工以及效益这三个方面出发，综合考虑施工项目的价值，并对施工方提出了相关意见和建议。包钟忻指出：施工的整体过程会造成不可预估的环境损失，并探讨了可持续发展理念在施工过程中的综合应用，明确了施工方的整体责任与义务，为建筑施工行业的进一步发展提供了理论指导。王军翔认为：可持续发展观念应该被普遍应用到施工项目中，该观念应该作为施工项目的首要指导理论基础。肖绪文进一步说明了传统施工的缺陷，以及绿色施工的优势所在。并在此基础上，细致地评析了我国现有绿色施工发展现状及其不足，并由此给出了相关的建议。

国内外的学者们对于如何在施工中做到节能环保，以及如何评价建筑企业的施工质量提出了价值性的观点，推动了绿色施工研究工作的不断深入，扩宽了绿色施工评价的相关范围和内容。但是，目前的评价体系仍具有评价指标不全、客观性较弱、缺乏全面性和操作性等缺陷，故本课题将主要对如何构建出一个有效的评价指标为研究核心，以期构建出的体系可以真实客观地反映施工环保现状，从而提升施工过程环境保护质量的整体水平。同时，也可以为后续绿色施工课题的研究开展工作提供一定的理论研究基础。

第五节　应用对象及适用范围

围绕地基基础、主体结构、机电安装、装饰装修等施工全过程，在研究施工全过程污染物形成与扩散机理的基础上，建立污染物控制指标体系。

该体系的建立有利于课题后续对施工现场智能化降尘控尘、降噪减噪、光污染控制等技术的研究，并开发施工全过程污染物监测预警与控制管理系统并示范应用。

第二章

噪声污染

第一节　已有指标标准和依据

1. 国外

建筑施工噪声，从一般的角度讲，应称为建设施工噪声。城市中各种建筑物、市政工程的兴建、改建或扩建、维修和拆除工程项目都是建设项目。近年来，我国城市有大量建设项目，施工噪声对周围环境的影响日益严重，由此引起的居民投诉、纠纷事件屡见不鲜。

1）国外研究现状

Femandez 认为建筑施工噪声是一种严重的污染，噪声引起的工人听力系统损伤会严重影响人们的健康和幸福。他研究了施工工人在施工现场面对的不同等级的噪声，利用大量的声计议测量在不同工作中的噪声数据，分析了造成噪声的重要因素，提出了 3 种噪声控制方法：源头控制、途径控制和接收控制。

Rynberg 认为随着在大型项目中，施工噪声和振动监控已变得越来越有必要。施工噪声与振动不仅与人们的烦恼度有关，而且会对环境（濒危物种）和建筑结构产生影响，而现有的测量仪器太过于死板，在不同的项目中无法调节仪器功能以适应不同的环境。

Gilchrist 等分析了传统的噪声控制方法，然后采用蒙特卡洛模拟方法很好地预测了在各个施工阶段噪声可能发生的大小和频率，并且利用模型可以很好地优化施工场地中隔声板布置，最后采用实例验证蒙特卡洛模型，实地测量的结果很好地拟合了预测的结果。

Manatakis 等认为建筑施工噪声问题变得越来越严重，一些工地噪声强度甚至达到了 90dB。他们采用了基于回归分析的统计理论模型来预测和评估在工作区域的噪声等级，并在一个案例中进行了模型的验证。

2）国外标准现状

建设施工是城市主要噪声源之一，许多国家已颁布了有关建设施工噪声控制标准或法规、导则。这些标准和法规可分为二类：一类是限制建设施工噪声对环境的影响，另一类是建筑机械和设备的允许噪声标准。

国外标准现状对可以为我国建筑施工噪声控制标准的确定提供参考，为此对日本、美国、英国、新西兰、新加坡等国家颁布的有关控制建设施工噪声的环境标准、法规或导则进行论述。

（1）日本

日本的《噪声管理法》（1968年第98号法令，2000年第91号法令修改）共分6章33条，主要规定了工厂运行、建筑作业、机动车行驶的噪声管理措施和排放限值。

《噪声环境质量标准》（1998年环境厅第64号令）按区域类型规定了环境噪声限值，同时对路旁地区、交通干线两侧区域有补充规定，限值有所放松。

《噪声管理法》以保障生活环境、保护公众健康为宗旨，对工厂、企业业务活动产生的噪声、建设施工的噪声以及汽车的噪声作了限制。特定建设施工作业包含了5种施工作业（表2-1-1）。

特定建设施工作业　　表2-1-1

序号	项目
1	使用打桩机(打桩锤除外)、拔桩机或打桩拔桩机(压入式除外)的作业(打桩机与地螺钻并用的作业除外)
2	使用铆钉机的作业
3	使用凿岩机的作业(对于作业地点不断移动的作业，限定1d内与该作业有关的两地点之间的最大距离不超过50m)
4	使用空气压缩机的作业(作为凿岩机动力者除外)
5	配备混凝土设备或沥青设备的作业(为拌制砂浆而设置的混凝土搅拌机作业除外)

特定建设施工噪声限制标准如表2-1-2所示。

特定建设施工噪声限制标准　　表2-1-2

特定建设施工作业		1	2	3	4	5
距施工地点场地边界30m位置的噪声限值dB(A)		85	80	75		
限制作业的时间	第一种地区	19：00～7：00		21：00～6：00		
	第二种地区	22：00～6：00				
每日累计作业时间限	第一种地区	10h				
	第二种地区	14h				
连续进行作业的天数	第一种地区	6d			1个月	
	第二种地区				2个月	
星期日、节假日的作业		禁止				

注：第一种地区指为保障良好的居住环境，必须保持特别安静的地区；居民区，必须保持安静的地区；居民、工业、商业兼用但居民甚多的地区；学校、医院等地区约80m以内的地区。

第二种地区是指除第一种地区以外的地区。

噪声限制法说明，在以下几种情况下，经协商可以允许在表 2-1-2 规定的不允许作业的时间或日期进行施工作业：因为灾害及其他事故需要进行紧急施工的地区；为保障人身安全需要进行特殊施工的地区；为确保铁路、交通正常运行而进行特殊施工的地区。

（2）美国

美国的噪声污染控制是以 1972 年的《噪声控制法》为依据。该法共分 18 章，对噪声排放进行源头控制是其核心思想，而制定噪声源（运输车辆、设备、产品）排放标准则是基本控制手段。

美国 1972 年颁布的《噪声控制法》是最全面的噪声控制联邦立法，该法把建筑机械列为要考虑的声源之一，并且委托美国环境保护局负责管理。为此，美国环境保护局与其他联邦机构及科研单位合作，在 1974 年颁布了一个《声级文件》。《声级文件》的目的是：确定为了保护公众的健康和福利（且留有足够的安全界限）所需的环境噪声级。《声级文件》推荐了对于人的噪声暴露的评价指标，即等效连续 A 声级 L_{eq}dB（A）和日夜平均噪声级 L_{dn}dB（A）。为了使噪声对户外活动干扰和影响降低到最低程度，声级文件建议噪声应在 55dB（A）L_{eq}（24h）及 55dB（A）L_{dn} 以下；对应于最小户内活动干扰和影响，噪声应在 45dB（A）L_{eq}（24h）以下，对应于最小居住活动干扰，噪声应在 45dB（A）L_{dn} 以下。必须指出的是：所有这些声级都是理想的声级，是人们奋斗的目标。

美国噪声控制法允许地方政府在其管辖范围内管理新建筑设备的出售。按照 NIMLO Model 法令，在 7：00～18：00 以外的时间施工是受到限制的，且在 22：00 至次日 7：00 之间不允许使用高噪声的建筑设备。应注意到，几乎所有的地方，噪声法令都有特定的噪声限值（表 2-1-3）。

新建房屋工地的户外噪声标准　　**表 2-1-3**

不能接受	24h 内有 60min 超过 80dB(A)或 24h 内有 8h 超过 75dB(A)
一般不能接受	24h 内有 8h 超过 65dB(A)或在场地有重复出现的高声
一般可以接受	24h 内有 8h 以上的时间不超过 65dB(A)
可以接受	24h 内有 30min 以上的时间不超过 45dB(A)

（3）英国

英国现在针对工业噪声的标准主要是《评价工业噪声对工业居住混合区影响的方法》BS4142。与城市规划有关的标准是《规划政策指南》PPG24（表 2-1-4）。在英国苏格兰地区相关的法规文件是 PAN56。

PPG24 中规定对于新建设项目在几种噪声暴露条件下的噪声限值　　表 2-1-4

声源	时间表	噪声限值(L_{Aeq})/dB(A)			
		A	B	C	D
公路噪声	7：00～23：00	＜55	55～63	63～72	＞72
	23：00～7：00	＜45	45～57	57～66	＞66
轨道噪声	7：00～23：00	＜55	55～66	66～74	＞74
	23：00～7：00	＜45	45～59	59～66	＞66
飞机噪声	7：00～23：00	＜57	57～66	66～72	＞72
	23：00～7：00	＜48	48～63	57～66	＞66
混合声源	7：00～23：00	＜55	55～63	63～72	＞72
	23：00～7：00	＜45	45～57	57～66	＞66

（4）新西兰

新西兰《建筑、维修和拆毁作业标准》NZS6802 论述了建筑、维修和拆毁工程噪声的测量和评价。NZS6802 规定：噪声测量持续时间不短于 30min，分别求出统计声级 L_{10}、L_{95} 和最大声级 L_{max}。表 2-1-5～表 2-1-7 列出了 NZS6802 建议的噪声限值标准。

居住区建筑施工噪声建议限值　　表 2-1-5

时间	噪声限值 dB(A)					
	星期一～星期五			星期六		
	L_{10}	L_{95}	L_{max}	L_{10}	L_{95}	L_{max}
6：0～7：30	60	45	70	/	/	/
7：30～18：00	75	60	90	75	60	90
18：00～20：00	70	55	85	/	/	/
20：00～06：30	/	/	/	/	/	/
星期日、节假日	不允许施工					

商业区建筑噪声建议限值　　表 2-1-6

时间	噪声限值 dB(A)(全年每天相同)	
	L_{10}	L_{95}
7：30～18：00	75	60
18：00～7：30	80	(未定)

建筑施工引起的室内噪声建议限值　　表 2-1-7

时间	室内噪声限值 dB(A),L_{10}(全年每天相同)
6：30～7：30	55
7：30～18：00	60
18：00～20：00	55
20：00～6：30	(不允许施工)

(5) 新加坡

新加坡《建筑和拆毁工地噪声控制导则》是以英国标准BS5228为基础编制。该导则强调在任何条件下都需用噪声较小的施工方法，给出了施工工地上允许使用的各种机械设备的噪声数据，突出了通过距离衰减、屏障或加强现场管理的方法控制噪声从工地向外传播。

该导则所推荐的不同类型区域最高噪声限值如表2-1-8所示。选用的噪声评价量是L_{eq}dB (A)，但测量时间只要求不短于5min，测量地点是建筑工地边界上或在距最近建筑物10m远、噪声最大的地点。一般限制在星期一到星期六7：00～19：00期间施工。

从表2-1-8可以看出，新加坡的导则同时考虑了建筑工地所在的区域和邻近工地的建筑物类型。若建筑工地在相同的区域内，但邻近的建筑类型不同，允许的限值可能不同。

建筑工地边界噪声标准　　**表2-1-8**

邻近建筑物类型	区域类型	噪声限值L_{eq} dB(A) 星期一至星期六 (7：00～19：00)
噪声高敏感建筑（住宅和医院）	乡村	55
	郊区	60
	人均面积大于20m^{2}城区住宅	65
	人均面积小于20m^{2}城区住宅	70
	工业区	75
公共建筑（学校、办公楼、教堂）	郊区	60
	市区	70
	住宅区	65
	工业区	75
商业和工业建筑（商店和饭馆）	郊区	65
	住宅区	70
	市区	75
	工业区	80

导则强调了在建筑规划、施工招标时加强对建筑施工噪声管理的重要性。在建筑规划要有控制噪声的意识，如选用低噪声设备、现场合理规划等方法可以使噪声影响有所降低；要求建设单位的工程师或建筑师调查所准备兴建工程的噪声控制措施；限制使用声级超过规定限值的设备；建筑管理部门要审查在建筑和拆毁工程中采用的噪声控制措施的细节。在招标阶段，投标者应了解要求的噪声限值且要选用最合适的设备和施工方法来满足噪声限值要求；建设单位有必要核实投标者提出的方法、措施是否能满足噪声限值要求。在施工期间，要经常监测施工区域周围的噪声，特别是不同施工阶段更换设备时必须监测噪声。

2. 国内

随着我国工业化和城市化进程的加快，我国环境污染问题越来越严重。噪声污染的主要来源包括：交通噪声、工业噪声、社会噪声和施工噪声。

施工噪声是指在施工作业中产生的干扰附近生活、工作环境的噪声。在环境噪声投诉中，居民投诉施工噪声所占的比率很大。正是由于施工噪声涉及范围较广、影响范围较大，所以施工噪声是一种主要的环境噪声来源。

施工噪声主要来源于建筑机械的使用，其中包括：打桩机、推土机、搅拌器、振动器、电锯、卷扬机、电钻等噪声污染较大的机械。

1）国内研究现状

刘勇等研究了建筑施工噪声对城市居民的影响。他以杭州市建筑施工噪声为研究对象，研究表明：建筑施工现场噪声通常在80dB以上。而且建筑施工噪声能够导致作业工人与周边居民听力下降、注意力不集中、心烦意乱、影响工作效率，妨碍人们休息和睡眠，进而导致其身体健康受到损害，增加作业人员在作业过程中发生安全事故的概率。在调查问卷中有大约62%的受访者表示能明确感受到建筑施工噪声对自己家庭、工作和公共场所带来的影响，并且认为施工机械和运输机械产生的噪声对比于工人的喧哗声更加明显地影响了居民的声环境。

孙远涛研究了建筑施工噪声烦恼度阈限值，根据测量得到的噪声数据和调查问卷运用模糊数学法，并利用相关软件分析中心噪声值与烦恼度函数之间的相关性，最后计算得出在白天建筑施工噪声烦恼度阈限值为60.3dB（A），晚上为52dB（A）。并分析认为谈话干扰的阈值为60.2dB（A），能对思考干扰的噪声限值为60.1dB（A），对施工噪声应加强管理。

袁涛认为建筑施工噪声是一种无形的污染，具有局部性、多发性和暂时性等特点，在高噪声环境下长期工作会导致听力损失甚至是耳聋等永久性损伤。当噪声在45dB时，人们的睡眠就会受到影响；噪声在65dB时，人们的生活学习就无法正常进行；噪声在80dB以上时候，人们注意力不易集中，工作的效率会受到影响，会妨碍人们的睡眠和休息，严重的噪声更是会引起人们身体和心理的负面反应，造成疾病。在袁涛提出的噪声控制与对策中，主要包括对建筑噪声管理作出具体的规定，如严禁夜间施工等，并对建筑施工工艺和装备也提出规定限制。

2）国内标准现状

我国在制定环境噪声标准阈值方面做了大量的工作。根据大量的数据调查和研究，我国先后颁布了《机场周围飞机噪声环境标准》GB 9660—1988、《铁路边界噪声限值及其测量方法》GB 12525—1990、《建筑施工场界噪声限值》GB 12523—1990与《建筑施工场界环境噪声排放标准》GB 12523—2011、《声环境质量标准》GB 3096—2008、《工业企业厂界环境噪声排放标准》GB 12348—2008等一系列噪声控制标准，对各种产生噪声污染的行业的噪声排放标准进行规范。表 2-1-9 为我国现行的环境噪声标准。

我国现行的环境噪声标准　　**表 2-1-9**

类别	标准编号	标准名称	说明
声环境质量	GB 3096	声环境质量标准	针对敏感目标
	GB 9660	机场周围飞机噪声环境标准	
噪声排放	GB 12348	工业企业厂界环境噪声排放标准	针对高噪声活动或场所
	GB 12523	建筑施工场界环境噪声排放标准	
	GB 12525	铁路边界噪声限值及其测量方法	
	GB 22337	社会生活环境噪声排放标准	
噪声辐射	GB 1495	汽车加速行驶车外噪声限值及测量方法	针对高噪声产品
	GB 16170	汽车定置噪声限值	
	GB 16169	摩托车和轻便摩托车 加速行驶噪声限值及测量方法	
	GB 4569	摩托车和轻便摩托车 定置噪声限值及测量方法	
	GB 19757	三轮汽车和低速货车加速行驶车外噪声限值及测量方法(中国Ⅰ.Ⅱ阶段)	

其中，针对施工过程中噪声排放的《建筑施工场界环境噪声排放标准》GB 12523—2011 中规定了建筑施工过程中场界环境噪声昼间和夜间的排放标准，该标准针对其替代的标准《建筑施工场界噪声限值》GB 12523—1990 的变化较大。新标准中噪声排放限值不再分施工阶段给出，而是提供统一的昼间和夜间限值。此外，新标准还将限值的测量方法进行重新规定，原标准中“白天以 20min 的等效 A 声级表征该点的昼间噪声值，夜间以 8h 的平均等效 A 声级表征该点夜间噪声值”，新标准中规定“施工期间，测量 20min 的等效声级，夜间同时测量最大值”。

虽然在我国的现行法规体系中规定了建筑施工噪声的场地界限值，以及一些防治与治理原则。但从现行法规的规定中仍然可以发现我国目前建筑施工噪声治理难，这一问题的根源所在：

首先，在相关法规中没有提及承包商由于采取防治噪声污染措施而发生费用的承担原则。因此，在实际操作中，工程有关各方互相推诿，执法部门也左右为难。

其次，在《声环境质量标准》GB 3096—2008 和《建筑施工场界环境噪声排放标准》GB 12523—2011 中，对建筑施工噪声的规定是有差异的。虽然后者为建筑施工场地边界限值，但是其差异也是不合理的。

第三，上述法规均不具有很强的可操作性，使得施工单位难以采取有效的措施，执法部门无法建立严格的执法标准，也就做不到严格执法。

第四，上述法规中对于建筑施工作业人员的上岗环境知识培训制度，没有明确的要求。这是施工单位的环境保护意识较低，施工噪声污染严重的主要根源。

第二节　关于噪声的评价量指标

1. 等效连续 A 声级

等效连续 A 声级是将一段时间内的非稳态噪声用同样时间内具有相同能量的稳态噪声代替，这个稳态噪声的 A 计权声压级就叫作该非稳态噪声在这段时间内的等效连续 A 声级。它的表达式为：

$$L_A = 10\lg\left(\frac{1}{T}\int_0^T 10^{0.1L_A}\,dt\right)$$

式中：L_A—dt 时间段内的 A 声级；

T—总评价时间。

L_{Aeq} 是目前国内外通用的施工噪声评价量，各种标准法规中都有使用。因为大部分噪声，其幅值随时间变化的分布近似于正态分布，可以用等效连续声级描述其大小，并且长期经验表明：A 计权与人们的主观听感的响度具有较好的相关性。

2. 累计百分声级

累计百分声级是指在整个测量时间内或次数中出现时间或次数在Ⅳ％以上的 A 声级。例如 L_{10}、L_{50}、L_{90} 分别表示出现时间或次数在 10％、50％和 90％以上的 A 声级。L_{10} 相当于峰值平均 A 声级，L_{50} 相当于平均 A 声级，L_{90} 相当于背景噪声的 A 声级。累计百分声级在评价非稳态噪声时，能够较好地体现出噪声的起伏变化以及偏离背景噪声的程度。

3. 噪声烦恼度

噪声烦恼度是指人对噪声的个体不良反应，是从人的主观感受出发对噪声进行评价的评价量。噪声引起的烦恼度，不但与噪声级的大小有关，还与噪声的频率、脉动性以及噪声发生的环境等一系列因素有关，不同的人对完全相同的声音的主观感受可能是完全不同的。

将人群对噪声的主观烦恼程度用“非常烦恼”“烦恼”“有点烦恼”“不大烦恼”“毫不烦恼”划分为 5 个等级，并认为这 5 个等级是等间隔的，然后进行问卷调查，数理统计后得到烦恼概率和烦恼阈值。计算公式为：

烦恼度隶属函数

$$F = 1/\text{Ⅰ} + 0.75/\text{Ⅱ} + 0.5/\text{Ⅲ} + 0.25/\text{Ⅳ} + 0/\text{Ⅴ}$$

烦恼概率：$P_i = \frac{\sum_j \mu_i n_{ij}}{\sum_j n_{ij}} P_i$

烦恼阈值：$E = \frac{\sum_i L_i P_i}{\sum_i P_i}$

式中Ⅰ、Ⅱ、Ⅲ、Ⅳ、Ⅴ分别代表“非常烦恼”、“烦恼”、“有点烦恼”、“不大烦恼”、“毫不烦恼”，1.0、0.75、0.5、0.25、0 为对应的隶属度，用 μ_j 表示；n_{ij} 表示频数；E 为某一特定噪声环境下的烦恼阈值；L_i 是第 i 个中心声级；P_i 为该中心声级下的烦恼概率。

4. 噪声污染级

噪声污染级 L_{NP} 表示噪声的吵闹程度，与噪声平均声级值和起伏变化情况有关。

噪声污染级的表达式为

$$L_{NP}=L_{Aeq}+K\sigma L_{NP}$$

式中：K—常数，暂定为 2.56；

σ—标准差，σ 值由下式确定：

$$\sigma=\{[\sum_{n=1}^{n}(L_{PA_i}-\overline{L_{PA_i}})^2]/n-1\}^{1/2}$$

式中：L_{PA}—n 次测得的 A 声级 L_{PAi} 的平均值；

L_{NP}—噪声烦恼度，除与噪声的能量平均值有关外，还与噪声的起伏变化有关，即 σ 值越大，越使人感到烦恼。

5. A 计权暴露声级

A 计权暴露声级 L_{AE} 是 ISO—1996/1 环境噪声评价标准中 3 个基本评价量之一。含义为在某一规定时间内，或对某一噪声事件，其 A 计权声压平方的时间积分与参考声压的平方和参考时间的乘积之比，以 10 为底的对数乘以 10，其表达式为

$$L_A=10\lg(\frac{1}{T}\int_0^T 10\frac{P_{A(t)}^{\ 2}}{P_0^{\ 2}}dt)$$

式中：L_{AE}—A 计权暴露声级，dB（A）；

T—采样时间，$T_0=1s$；

$P_{A(t)}$—A 计权瞬时声压，Pa；

P_0—参考声压，$P_0=20\mu Pa$。

6. 评价量适用性分析

根据建筑施工噪声特点，比较以上几种噪声评价量的优缺点，如表 2-2-1 所示。

几种噪声评价量优缺点　　表 2-2-1

评价量	优点	缺点
L_{Aeq}	测量简单，与人的主观感受一致性好，非稳态噪声之间可对比	对于非稳态或者特殊频谱的噪声表现力差，低估噪声影响
L_N	能够体现噪声波动情况	样本量少时统计效果差，特殊频谱的噪声表现力差
烦恼度	与人主观反映一致性最好	测试复杂不易实施

续表

评价量	优点	缺点
L_{NP}	能体现噪声水平及起伏变化情况，与 L_{Aeq} 之间可转化	特殊频谱的噪声表现力差
L_{AE}	能体现人接收到的噪声能量，适用于非稳态或时断时续的噪声，与 L_{Aeq} 之间可转化	特殊频谱的噪声表现力差，高估噪声影响

L_{Aeq} 能够将一段时间内变化各异的声音用一个稳态的等效声级表达出来，为声音之间对比提供了方便；另一方面A计权与人的主观感受和其他参数相关性比较好。但等效连续将噪声能量在时间维度内平均，无法体现出噪声的起伏变化；在建筑施工过程中，根据工作需要，机械的运转、待机、停止等工况不断更替，且无规律可循，撞击、呼喊、切割噪声等具有突发性，这些因素导致建筑施工噪声复杂多变，等效连续声级无法体现这些变化，长时间的等效还会削弱短时间高水平噪声的影响；另一方面A计权对于低频削弱较多，而建筑施工噪声中大部分机械低频成分突出，且随着距离的增加，低频衰减缓慢，对于远处居民区低频噪声影响突出，A计权低估了这一部分影响，对于如何弥补已有研究，但无定论；在《建筑施工场界环境噪声排放标准》GB 12523—2011 中规定了建筑施工过程中场界环境噪声昼间和夜间的排放标准，该标准针对其替代的标准《建筑施工场界噪声限值》GB 12523—1990 的变化较大。新标准中噪声排放限值不再分施工阶段给出，而是提供统一的昼间和夜间限值；此外，新标准还将限值的测量方法进行重新规定，原标准中"白天以 20min 的等效A声级表征该点的昼间噪声值，夜间以 8h 的平均等效A声级表征该点夜间噪声值"，新标准中规定"施工期间，测量 20min 的等效声级，夜间同时测量最大值"。以上两点变化正是等效声级弊端的体现，首先，等效声级无法区分不同特点的噪声，各施工阶段的噪声特点无法体现，分阶段评价与总体评价效果无异；其次，旧标准中夜间以 8h 等效声级作为噪声限值，长时间的平均导致短时间的夜间施工活动带来的噪声影响不明显，监测值普遍偏低，与周围居民的实际感受不符，无法有效评价施工噪声造成的影响；第三，新标准中除使用 L_{Aeq} 以外，还要求"夜间须测量最大值"，也是为了弥补等效声级无法体现噪声波动的不足。

累计百分声级使用最多的是 L_{10}、L_{50}、L_{90}，它能体现统计时间内噪声的起伏变化范围；但是累计百分声级以A计权为落脚点，具有A计权的优点与缺点，同样具有相同累计百分声级的两个声音，由于它们的频谱不同，给人带来的烦恼度也是不同的。累计百分声级只能体现噪声变化范围，无法体现噪声具体波动情况；建筑施工噪声断断续续，起伏变化很大，测量时间过短或者样本量过少都会使累计百分声级的统计效果变差，增加测量时间和测量次数会增加评价工作量。

烦恼度从人的主观感受出发，对噪声对人影响程度评价最直接、最准确；该评价量不考虑噪声水平与波动情况，而是以人的感受为导向，评价噪声对人的影响程度；但该评价量通常要以问卷调查为基础，需要大量的调研数据，并且想要获得代表性的结果，需要对问卷问题、受访人群类型、样本量等进行科学把控，这在实际进行噪声评价中难以广泛使用。

噪声污染级 L_{NP} 考虑了噪声水平以及起伏变化两方面的影响，能够较好地评价噪声对人的影响。但是，由于建筑施工噪声是非稳态噪声，且起伏变化无固定规律可循，所以测试时间的长短、测量次数以及测试时段施工作业的内容都会对结果产生较大影响，这不利于数据之间比较，也不利于确定评价限值。

A 计权暴露声级 L_{AE} 是由瞬时声压级对时间积分得到的，该值的大小与声压级的大小及其持续时间紧密相关，该指标体现了人真实接收到的声能大小。对于非连续的噪声，利用暴露声级更能够体现噪声的真实影响，避免等效连续声级对于短时高噪声事件影响的低估。并且已知暴露声级能够计算得到等效连续声级，计算公式为：

$$L_{Aeq}=L_{AE}-10\lg\left(\frac{T}{T_0}\right)$$

需要注意的是，噪声对人的影响是随着声源停止而结束的，如果后一噪声事件开始时，上一噪声事件的影响已经消除，则两次噪声对人的影响不能累积。使用暴露声级可能会高估噪声对人的影响。

7. 现行施工场界标准的评价量指标

国家环境保护部于 2011 年 11 月 14 日批准了新版的《建筑施工场界环境噪声排放标准》GB 12523（以下简称《2011 版标准》），并定于 2012 年 7 月 1 日起正式实施。《2011 版标准》的内容包括“建筑施工场界噪声限值”和“建筑施工场界噪声测量方法”等多方面的内容。因此，自本标准实施之日起，《建筑施工场界噪声限值》GB 12523—1990 和《建筑施工场界噪声测量方法》GB 12524—1990（以下简称《90 版标准及方法》）同时废止。新颁布的《2011 版标准》与《90 版标准及方法》相比有很多地方发生了变化，其中，有两点变化最值得关注：

（1）《2011 版标准》其昼间排放限值调整为 70dB（A），并且限值不再按照施工阶段进行划分。

《2011 版标准》规定建筑施工过程中场界环境噪声不得超过表 2-2-2 规定的排放限值。规定夜间噪声最大声级超过限值的幅度不得高于 15dB（A）。

建筑施工场界环境噪声排放限值　　单位：dB（A）　　表 2-2-2

昼间	夜间
70	55

《90 版标准及方法》建筑施工场界环境噪声排放限值见表 2-2-3。

建筑施工场界噪声限值　　单位：dB（A）　　表 2-2-3

施工阶段	主要噪声源	昼间	夜间
土石方	推土机、挖掘机	75	55
打桩	各种打桩机等	85	禁止施工
结构	混凝土搅拌机、振动棒、电钻等	70	55
装修	起重机、升降机	65	55

通过对两表的比较我们不难发现：《2011 版标准》取消了《90 版标准及方法》中按照施工阶段进行划分的方法，统一为一个场界噪声排放限值，昼间：70dB（A），夜间：55dB（A）。这是因为：工程中使用的大量机械设备，如：挖掘机、打桩机、装载机等，对周围的环境产生较大的噪声影响。从现场监测数据看，按阶段划分后各施工方无论从 L_{eq} 均值、大于 70dB 的比例或 L_{max} 分析，各阶段差别并不是很大，因此，从声学角度分析，原标准按阶段划分标准值的方法意义不大。在《2011 版标准》中统一看待，这有利于施工方的控制、管理方的监督，居民声环境得到有限度的保护。我们还注意到，《2011 版标准》昼间限值定为 70dB（A），从整体控制来讲其限值标准提高了。

（2）《2011 版标准》调整了夜间测量时段，使得在限值不变的情况下，其噪声的控制标准提高了。

《2011 版标准》规定昼间和夜间均采用 20min 等效声级代表本时段声级。可见，虽然《2011 版标准》中夜间的标准限值并没有改变，依然是 55dB（A），但其含义已经比原标准的 8h55dB（A）要严格许多。

由此我们可以看出：第一，《2011 版标准》取消了按照施工阶段进行划分限值的方法。这要求施工单位要对施工产生的多种噪声进行综合的控制与防护，不仅要保证独立设备产生的噪声不超标，还要让所有设备产生的综合噪声达标。这对施工单位提出了新的、更高的噪声污染控制要求。第二，在限值不变的情况下，采用 20min 等效声级代表本时段声级的夜间测量时段。这样做不仅使得环境保护监管部门能够更方便的监测夜间施工噪声，而且在限值不变的情况下，其实际的噪声控制标准得到了提高。

第三节　施工全过程噪声特点

1. 施工场地主要噪声源分析

根据《中华人民共和国环境噪声污染防治法》规定，建筑噪声是指在建筑施工过程中产生的干扰周围生活环境的声音。结合实际建筑施工过程的各个阶段和相关设备噪声来源来看，主要分为：

（1）土石方阶段：推土机、挖掘机、装载机、各种运输车辆等；

（2）打桩阶段：各种打桩机或灌装机、运输车辆等；

（3）结构施工阶段：混凝土搅拌机、振动棒、电锯、切割机、起重机、升降机及各种发电机、运输车辆等；

（4）装修阶段：起重机、升降机、切割锯、打磨机、电锯及各种运输车辆等。

1）土石方阶段主要噪声源分析

土石方阶段是建筑施工的第一阶段。在这一阶段中，主要应用的工程机械是挖掘机、推土机、装载机以及各种运输车辆。这些移动性的机械设备是土石方阶段的主要噪声源。在这些声源中，有些声源如各种运输车辆移动的范围比较大，有些声源如推土机、挖掘机等相对移动的范围较小。表2-3-1为《噪声与振动控制工程手册》（以下称《手册》）中给出的一些典型的土石方阶段施工机械噪声特性。由于国家有规定，重型卡车白天不能进入市区，只能利用夜间运输土石方，所以，土石方阶段各种设备配合运输车辆夜间运行，车辆巨大的轰鸣声使周边环境夜间的噪声污染程度高于白天，严重影响了周边居民的休息。

土石方阶段主要施工噪声特性　　　　**表2-3-1**

分类	施工机械名称	声级		声功率级[dB(A)]	指向性
		距离(m)	dB(A)		
翻斗车	195翻斗车	3	83.6	103.6	无
	190翻斗车	3	88.8	106.3	无
	东方195	3	80.7	98.3	无
推土机	75马力推土机	3	85.5	105.5	无
	国产D80D推土机	5	92.0	115.7	无
	俄108推土机	5	89.0	112.5	无
	100—推土机	3	88.0	108.0	无
	D80—12推土机	4	94.0	115.0	无
挖掘机	建设101挖掘机	5	84.0	107.0	无
	VB1232挖掘机	5	84.0	107.5	无
	波兰海鸥挖掘机	5	86.0	109.5	无
	KATO挖掘机	15	79.0	114.0	无
	WY挖掘机	5	75.5	99.0	无
	波兰83挖掘机	5	85.0	108.5	无
	德VB挖掘机	5	83.6	107.0	无
装载机	ZL—90装载机	5	85.7	105.7	无
	ZL—20装载机	5	83.7	105.7	无
	ZL—20AA装载机	15	84.0	114.0	无

从表2-3-1可以看出：土石方阶段机械声功率级范围为100～120dB（A），声源无明显的指向性。

2）基础阶段主要噪声源分析

基础阶段主要是为建筑的整体打好地基。基础阶段的主要噪声源是各种打桩机，以及一些掘井机、风镐、移动式空压机等，这些设备都是固定声源。其中，打桩机噪声为脉冲噪声，声级起伏范围为10～20dB（A），周期为几秒。表2-3-2为《手册》中给出的基础阶段主要施工机械噪声特性。

基础阶段主要施工机械噪声特性　　表 2-3-2

分类	施工机械名称	声级		声功率级[dB(A)]	指向性
		距离(m)	dB(A)		
打桩机	1.8t 导轨式打桩机	15	85.0	116.5	有
	R23 型打桩机	15	104.0	136.0	有
	60P45C3t 打桩机	15	104.8	136.3	较明显
	KB4.5t 打桩机	15	104.0	136.0	较明显
	85P80C4.5t 打桩机	15	99.6	131.0	较明显
	2.5t 打桩机	15	96.0	127.5	较明显
	上海 1.8t 打桩机	8	92.5	118.0	较明显
打井机	KYC22 打井机	3	84.3	101.8	无
钻机	大口径工程钻机	15	62.2	96.8	无
起重机	NK-20B 液压起重机	8	76.0	102.0	无
	2DK 起重机	15	71.5	103.0	无
	汽车起重机	15	73.0	103.0	无
平地机	PY160A 平地机	15	85.7	105.7	无
	PY160A 平地机	3	87.5	—	无
空压机	ZW-9/7 型空压机	15	92.0	127.0	无
	移动式空压机	3	92.0	109.5	无
风镐	风镐(1)	1	102.5	110.5	无
	风镐(2)	15	79.0	113.0	无
发电机	20 马力柴油发电机	1	99	—	无

从表 2-3-2 中可以看出：打桩机是基础阶段最典型和最大的噪声源，打桩机声功率级范围为 125～136dB（A），其噪声时间特性为脉冲噪声，且具有明显的指向性。

3）**建筑结构主体施工阶段主要噪声源分析**

建筑结构主体施工阶段是建筑施工中周期最长的阶段。不仅参与这一阶段施工的人员较多，而且使用的施工机械设备种类繁多，主要设备有各种运输车辆、汽车起重机、塔式起重机、运输平台、施工电梯、混凝土输送泵、振动棒、电锯等。现场监测到的噪声，不但有各种施工机械在作业时产生的噪声，还有人的呼喊声，各种金属材料的摩擦声、碰撞声，切割钢筋时的电锯与材料的摩擦声等。在这些噪声中，有的声源特性较为稳定，如振动棒、混凝土输送泵等所产生的噪声；有的属于瞬时噪声，如各种碰撞声等。结构主体施工阶段有些噪声源的位置也并不固定，很多噪声源随施工进程的发展变换位置，随机性比较大，例如碰撞声、人的呼喊声等；有些声源的位置就相对比较固定，如混凝土输送泵产生的噪声和钢筋加工区内切割钢筋的噪声。表 2-3-3 为《手册》中给出的建筑结构主体施工阶段机械噪声特性。

建筑结构主体施工阶段机械噪声特性 表 2-3-3

分类	施工机械名称	声级		声功率级 dB(A)	指向性
		距离(m)	dB(A)		
汽车起重机	16t 汽车起重机	15	71.5	103.0	无
塔式起重机	塔式起重机	2	73.0	—	无
水泥泵车	混凝土搅拌泵车 混凝土搅拌车	8 4	83.0 90.6	109.0 110.0	无 无
振动棒	50mm 振动棒 混凝土振动器	2 15	87.0 78.0	101.0 112.0	无 无
电锯	电锯 WJ-104 型圆锯机	1 15	103.0 84.0	110.0 119.0	无 无
发电机	柴油发电机	2	95.0	—	无

施工现场的混凝土输送泵和振动棒在建筑结构主体施工阶段不仅使用的时间较长、频率较高，而且声功率级较高。在施工过程中，浇灌混凝土往往要 24h、甚至 48h 连续作业，并且按照施工组织安排，一般情况下 3～4d 进行一次混凝土浇灌。所以，建筑结构主体施工阶段最大的噪声源是混凝土输送泵和振动棒，由于混凝土的商品化，混凝土运输搅拌车广泛的应用于施工工地，其声功率级为 100dB（A）左右，也是此阶段一个主要的移动噪声源。

4）**装修阶段主要噪声源分析**

装修阶段是建筑施工的最后一个阶段，此阶段中所用的施工机械较少，强噪声源较少。装修阶段的主要噪声源包括砂轮锯、电钻、电梯、起重机、材料切割机、卷扬机等。表 2-3-4 为《手册》给出的装修阶段施工机械作业噪声频谱。

装修阶段施工机械作业噪声频谱 表 2-3-4

分类	施工机械名称	声级		声功率级 dB(A)	指向性
		距离(m)	dB(A)		
砂轮锯	砂轮锯	3	86.5	104.0	有
切割机	切割机	1	88.0	96.0	有
磨石机	磨石机	1	82.5	90.5	无
卷扬机	电动卷扬机	1	84.0	85.0～90.0	无
起重机	德国 ZDK2.8t	15	71.5	103.0	无
电锯	木工电锯	1	103.0	110.0	有
电刨	木工压刨 木工平刨	2 2	90.0 85.0	—	—

由表 2-3-4 中数据可知，装修阶段的施工机械噪声有如下特征：①大多数声源声功率较低，一般在 90dB（A）左右；②由于结构主体已经完工，部分施工机械的工作环境已经

不是开放性的，声源所处环境是半封闭状态，这样有利于噪声的屏蔽，能有效降低噪声对周边的影响。

2. 施工全过程噪声类型

噪声污染按声源的机械特点可分为：气体扰动产生的噪声、固体振动产生的噪声、液体撞击产生的噪声以及电磁作用产生的电磁噪声。噪声按频率可分为：＜400Hz 的低频噪声，400～1000Hz 的中频噪声，＞1000Hz 的高频噪声。

3. 施工全过程噪声危害

噪声污染对人、动物、仪器仪表以及建筑物均构成危害，其危害程度主要取决于噪声的频率、强度及暴露时间。噪声危害主要包括：

1）噪声对人体健康的影响

一般噪声高过 50dB（A），就对人日常工作生活产生有害影响。具体危害如下：

（1）听力损伤

噪声伤害耳朵感受声音器官（耳蜗）中的感觉毛细胞，一旦感觉毛细胞受到伤害，则永远不会复原。感受高频率的感觉毛细胞最容易受到噪声的伤害。早期听力的丧失在 4000Hz 时最容易发生，病患以无法听到轻柔高频率的声音为主，除非突然暴露在非常强烈的声音下，如枪声、爆竹声等，听力的丧失也是渐进性的。

（2）引起心脏血管伤害

急性噪声暴露常引起高血压，在 100dB 噪声中 10min 内人们的肾上腺激素分泌升高，交感神经被激动。在动物实验上，也有相同的发现。虽然流行病学调查结果不一致，但几个大规模研究显示长期噪声的暴露与高血压呈正相关，暴露在噪声 70～90dB 中的五年中，人们得高血压的危险要比人们在正常环境中高 2.47 倍。

（3）噪声对生殖能力的影响

2000 年以来，一些专家提出了“环境激素”理论，指出环境中存在着能够像激素一样影响人体内分泌功能的化学物质，噪声就是其中一种。它会使人体内分泌紊乱，导致精液和精子异常。长时间的噪声污染可以引起男性不育；对女性而言，则会导致流产和胎儿畸形。在其他方面的研究仍无结论，尚待进一步的探讨。

（4）噪声对心理的影响

在高频率噪声下，人会焦躁不安，容易激动。研究发现在噪声越高的工作场所，意外事件发生越多，生产能力越低。

（5）噪声可引起多种疾病

噪声除了损伤人听力以外，还会引起其他人身损害。噪声可以引起人心绪不宁、心情紧张、心跳加快和血压增高。噪声还会使人的唾液、胃液分泌减少，胃酸降低，使人易患胃溃疡和十二指肠溃疡。对一些工业噪声调查结果指出，在高噪声条件下工作的钢铁厂工人和机械车间工人比在安静条件下工作的工人的循环系统发病率高。在强声下，高血压的人也多。不少人认为，20世纪生活中的噪声是造成心脏病的原因之一。长期在噪声环境下工作，对人神经功能会造成损伤。实验证明，在噪声影响下，人脑电波可发生变化。噪声可引起大脑皮层兴奋和抑制的平衡，从而导致条件下反射的异常。有的患者会出现顽固性头痛、神经衰弱和脑神经机能不全等症状。症状表现与接触的噪声强度有很大关系。例如，当噪声在80～85dB时，人往往很容易激动、感觉疲劳；当噪声在95～120dB时，人会感觉前头部钝性痛，并伴有易激动、睡眠失调、头晕、记忆力减退；噪声在140～150dB时，不但引起人的耳病，而且会使人感到恐惧和使人全身神经系统紧张。

2）**噪声大小对人类生活的影响**

（1）噪声对睡眠的干扰

人们有近1/3的时间是在睡眠中度过。睡眠是人类消除疲劳、恢复体力、维持健康的一个重要条件。但环境噪声会使人不能入睡或被惊醒，在这方面，老人和病人对噪声干扰更为敏感。当睡眠被干扰后，工作效率和健康都会受到影响。研究结果表明：连续噪声可以加快人们从熟睡到轻睡的回转，使人多梦，并使熟睡的时间缩短；突然的噪声可以使人惊醒。一般来说，40dB连续噪声可使10％的人受到影响；70dB连续噪声可使50％的人受影响；而突发动噪声在40dB时，可使10％熟睡的人惊醒，到60dB时，可使70％熟睡的人惊醒。长期干扰睡眠会造成人们失眠、疲劳无力、记忆力衰退，以至产生神经衰弱等。

（2）噪声对语言交流的干扰

噪声对语言交流的影响来自噪声对听力的影响。这种影响，轻则降低交流效率，重则损伤人们交谈时的听力。研究表明：30dB以下属于非常安静的环境，如播音室、医院等应该满足这个条件。40dB是正常的环境，如一般办公室应保持这种水平。50～60dB则属于较吵的环境，此时脑力劳动受到影响，谈话也受到干扰。

4. 施工全过程噪声特点

建筑施工噪声取决于建筑施工活动，通常具有以下特点：

1）**阶段性**

建筑施工一般都是分阶段进行的。随着技术水平和施工效率的提高，施工周期越来越短，各阶段区分不十分明显，甚至经常混合，但总体来说可以把施工过程分为土石方阶段、打桩阶段、结构阶段和装修阶段。由于每个阶段的主要噪声源不同，因此产生噪声及噪声所带来的影响程度、范围也不同，适用的噪声标准限值也不同。阶段性的施工特点，决定了施工噪声污染的阶段性。

2）**声源频率复杂**

在建筑施工活动中，随着时间推移，施工工序不断更替，施工涉及的主要施工机械不断变化。因此，不同施工机械产生的噪声在强度以及特性方面存在差异。比如，挖土机等机械低频噪声较多，传播较远；而金属切割机械的高频噪声占主要地位，听起来比较刺耳；除此之外，施工现场还夹杂着一些工人的呼喊声，金属材料撞击声，敲击声等，这些噪声的频谱又都具有各自的特点，给人的感受也是不一样的。

3）**声源位置不固定**

施工现场内既有固定声源，又有移动声源。有的机械在施工规划之初，就确定了主要工作位置，可通过搭建隔声棚减缓噪声影响；但有的机械根据工作的需要，不断变换位置，部分移动机械的移动路线并不确定，而且随着建筑项目高度的不断增加，作业面上噪声源位置不断升高，传播范围更广，这些噪声很难通过常规降噪措施来缓解。

4）**非稳态，规律性差**

从施工活动来看，施工机械并非时刻运转，而是以施工需要为前提。施工机械噪声与工作内容、机械新旧程度等有关，位置移动、动力增减等都会影响噪声大小；此外，建筑施工过程中的打桩机、电锯、振动棒等机械作业往往使整个建筑施工场界间断性噪声陡然加大，呼喊声、撞击声等也具有突发性，并无规律可循。

5）**多声源混合**

在建筑施工场地内，多种机械同时工作的情况经常存在，再加上人声、撞击声等，多种声源混合难以区分。此外，建筑施工场地紧邻道路的情况经常存在，建筑施工噪声与交通噪声混合在一起的情况也经常存在，周围的居民可以明显感受到道路噪声与施工噪声的不同，但是利用噪声监测设备，如果不考虑频谱，无法区分这二者的不同，也就不能准确地评价建筑施工噪声的影响。

6）**接近居民区，夜间施工扰民严重**

建筑施工项目与城市发展密切相关，拆迁重建使得在人群密集区域甚至紧邻居民区进行建筑施工的情况经常存在。由于某些施工工艺的需要，夜间连续施工的情况时有发生，除此之外，为了赶工期而进行的夜间施工活动屡禁不止，严重影响周围居民的生活。

第四节　施工全过程噪声控制指标

《建筑施工场界环境噪声排放标准》GB 12523—2011 取消了施工阶段的划分，只对昼间和夜间提出了单一的控制值，此举本意是便于施工现场的监督和控制，但本研究来源于课题《施工全过程污染物控制技术与监测系统研究及示范》2016 YFC0702/05，需要对施工过程中各个阶段的噪声污染进行监控，鉴于此目的，本控制指标对施工阶段及施工周边的声环境区进行了划分，并参考了《建筑施工场界噪声限值》GB 12523—1990、《建筑施工场界环境噪声排放标准》GB 12523—2011 和《声环境质量标准》GB 3096—2008 三个国家标准。

1. 控制指标的影响因素

1）**周边建筑类型**

不同类型的建筑有不同的功能，人们在其中从事的活动不同，所以对声环境的要求也不同。例如，在居住建筑中，人们经常休息、看书、交流或看电视，对声环境质量要求较高；而在工业建筑中，人们从事工业制造活动，对声环境的要求则相对较低。因此，建筑施工场地周边的建筑类型不同时，采用不同的施工场界噪声控制指标并采取相应的噪声控制技术，符合本课题绿色施工的目标要求。

2）**施工阶段及器械种类**

建设施工包括三大类：交通设施建设，如地铁、隧道、高架桥、公路施工等；房屋建筑工程，如：医院、学校、商场、文化馆、工厂、住宅建筑施工等；公共设施建设，如：市政绿化、城市广场、地下管道和电缆施工等。

在施工全过程内，不同机械的投入和施工方法的选用取决于施工进度的推进和施工工序的变换。结合实际情况，建筑施工过程的各个阶段的主要施工机械及噪声源特点主要分为：（1）土石方阶段：噪声源为推土机、挖掘机、装载机、各种运输车辆等，多为移动噪声，且噪声具有不连续性的特征；（2）打桩阶段：噪声源为各种打桩机、灌装机、运输车辆等，其中以打桩机为主要噪声源，属于脉冲噪声，且具有明显的指向性；（3）结构施工阶段：噪声源为混凝土搅拌机、振动棒、电锯、切割机、起重机、升降机及各种发电机、运输车辆等，施工周期长，噪声源的位置也并不固定，随机性比较大，主要噪声源产生的噪声大部分为宽频噪声，随着距离的增加，高频声衰减较大，噪声呈现低频声特性；（4）装修阶段：噪声源为起重机、升降机、切割锯、打磨机、电锯及各种运输车辆等，强噪声源较少，装修阶段声源声功率相对较低，一般在100dB(A)左右，部分施工机械的工作环境已经不是开放性的，声源所处环境是半封闭状态。

三类建设施工阶段与噪声排放特点各不相同，如果简单的将其分为土石方阶段、打桩阶段、结构主体施工阶段、装修阶段，并控制不同施工阶段噪声排放量指标未免有失偏颇，通过控制施工过程中不同施工机械噪声排放量指标，实现施工全过程噪声排放控制则更合理且实际操作性更强。

主要工程设备噪声声级范围见表2-4-1。

主要工程设备噪声声级范围　　　　**表2-4-1**

主要施工设备	声级范围 dB(A)
推土机、挖掘机、装载机及运输车辆等	85～100
打桩机、灌装机	95～110
混凝土搅拌机	75～85
电锯	95～110

续表

主要施工设备	声级范围 dB(A)
切割机、切割锯、打磨机	85～95
起重机、升降机、振动棒	65～70

注：摘自《建筑施工噪声控制分析》。

3）**监测时间**

不同的建筑，人们对其声环境质量会有不同的要求。例如，对于居住建筑，人们对其声环境的要求普遍是白天较低而晚上较高，以保证人们良好的睡眠质量；对于办公建筑，人们对其声环境的要求则是白天办公者对安静工作环境的需求相对较高，晚上基本没有办公，建筑不使用，所以对声环境质量要求较低。因此，有必要先对时间段进行划分，再进行噪声控制指标的确定。

在《建筑施工场界环境噪声排放标准》GB 12523—2011 中，昼间和夜间排放限值均采用 20min 等效声级代表本时段声级。因此，本控制指标同样按昼间和夜间采用 20min 等效声级代表本时段控制指标。（根据《中华人民共和国环境噪声污染防治法》，“昼间”是指 6：00～22：00 的时段，“夜间”是指 22：00 至次日 6：00 的时段）。

2. 施工全过程噪声控制指标

1）**周边环境分类**

根据周边环境的建筑类型，评价被测施工场地所在的环境区域（若周边存在多种建筑类型，以数量多少及噪声敏感程度高低的类型为评价标准），环境区域划分如下：

1 类声环境区：周边包含以居康复疗养民住宅、医疗卫生、文化教育、科研设计、行政办公为主要功能，需要维护安静的区域。

2 类声环境区：周边包含以商业金融、集市贸易工业生产、仓储物流为主要功能，或者商业、工业混杂的区域。

2）**施工噪声控制指标**

（1）周边建筑：1 类，见表 2-4-2。

1 类声环境功能区施工噪声指标 **表 2-4-2**

施工阶段及机械	噪声范围（5m）	时段		
		白天 dB(A)	晚上 dB(A)	夜间最大值 dB(A)
装饰装修施工阶段	60～75	54	46	61
主体结构施工阶段	75～90	57	49	64
土石方及基础施工阶段	90～110	60	52	67

（2）周边建筑：2 类，见表 2-4-3。

2 类声环境功能区施工噪声指标　　表 2-4-3

施工阶段及机械	噪声范围（5m）	时段		
		白天 dB(A)	晚上 dB(A)	夜间最大值 dB(A)
装饰装修施工阶段	60～75	64	49	64
主体结构施工阶段	75～90	67	52	67
土石方及基础施工阶段	90～110	70	55	70

3. 测量结果修正

背景噪声值比噪声测量值低 10dB（A）时，噪声测量值不做修正；噪声测量值与背景噪声值相差在 3dB（A）～10dB（A）时，两者差值按表 2-4-4 进行修正：两者差值小于 3dB（A）时，应采取措施降低背景噪声后按上述方法执行。

测量结果修正表　　表 2-4-4

差值 dB(A)	3	4～5	6～10
修正值 dB(A)	－3	－2	－1

第三章

扬尘污染

第一节　已有指标标准和依据

1. 国外

1）国外研究现状

绿色施工作为可持续发展理念在建筑施工过程中得到了全面应用。早在20世纪末，美国、日本及欧洲等一些发达国家和地区就制定了针对建筑施工环境影响的法律、法规和政策，为绿色施工的发展提供了有力的制度保障。人们很早就认识到扬尘污染的危害，扬尘已经成为许多城市颗粒物污染的重要来源。

国外对大气颗粒物空间扩散规律的研究起步比较早，在颗粒物的行为过程及其环境效应的评价方面，美国、英国、法国、德国、日本等国家开展了大量的工作。利用数值模拟方法起初主要集中在对风沙尘的研究上，例如在沙粒的跃移、蠕移及尘粒的悬浮运动等方面做了大量的研究。

随着计算机的出现和普及，随着高速发展的计算机技术和高效数值计算方法的开发，为大气污染物扩散规律模拟的研究提供了新的广阔的发展空间，使污染物的扩散模拟在环境空气质量评价中的作用越来越重要，精度得以大幅度地提高，操作更为便捷，应用也必将越来越广泛，数值模拟方法迅速发展起来。

利用数值模拟方法研究风沙运动最早始于在丹麦举行的国际风沙物理学会之后，数值模拟的主要代表人物是美国的学者Anderson，他通过模拟单个颗粒撞击沙床的过程计算，模拟了沙粒从起动，直到发展成稳定风沙流的全过程。

Owen应用流体力学中两相流的描述方法，假定沙尘运动的轨迹符合单一形状，总结出了描述单颗粒沙粒的数学模型，揭示了沙粒在地表附近运动时的一些基本特征。

Westphal将NACR的有限区域动力模型及NASA的气溶胶远距离传输模式相结合，发展成为二维动力学沙尘传输模型，并用此模型模拟了撒哈拉沙尘在大气边界层中的许多特征，这一模型后来发展成了三维模型。

Tsuji 和 Kawaguchi Tanaka 等运用数值模拟方法，在了解单颗粒运动规律的基础上，集合大量颗粒群体的行为特性来解释风沙运动的宏观现象。Ungar 和 Haff 研究了风沙边界层中沙粒对风速的反作用，建立了风场—沙粒相互耦合的数学模型，并得到了起沙后风速随高度分布曲线。

Hall 通过对采煤工作面粉尘浓度和风速的测定，探讨了这两者之间的关系，并给出了使风流中粉尘浓度最低的排尘风速。Hodkinson 通过粉尘在风巷中的弥散实验研究了呼吸性粉尘在风流中的混合，提出了实现风尘分流的技术途径。

Couriney 等人研究了呼吸性粉尘在巷道中的沉降规律，并提出了粉尘在断面呈中心对称的巷道中扩散时沿程的浓度分布解析式。A. Walton 等人用大涡模拟方法，对固定点源释放的空气污染物在街道大气中的扩散问题进行研究。C. Housiadas 等人最近的研究结果表明，大涡模型方法在大气粉尘形成机理的研究方面也表现出了强大的应用前景。

Drehmel 等对堆场防尘围挡抑制扬尘扩散进行了系统性的风洞试验与分析，通过改变防尘围挡尺寸、孔隙率和入流风湍流度（风速加速效应）等因素，得出在特定的理想条件下，采用 Blackwood 和 Watcher 于 1978 年提出的计算公式估算应用防尘围挡可以将煤矿堆场扬尘减少 80%。同时，Drehmel 提出在进行理论分析估算时，将来流风速平均值乘以一个放大系数来预测在煤矿堆场迎风面的风场加速效应，Drehmel 等还通过风洞实验分析并肯定了道路防尘围挡的抑尘作用，并得出采用 50%孔隙率的防尘围挡能形成相当于防尘围挡高度 4～8 倍的风速抑制区域。

2）国外标准现状

美国、英国等国家对建筑施工扬尘监测已经提出了相应监测指标。

美国对施工扬尘污染控制立法和监管，由联邦或各个州的环保部门实施管理。美国环保局（EPA）1995 年版本的 AP-42 根据施工作业粉尘排放量与被作业土地面积成正比，并且与施工活动的水平相关，由 TSP 实测浓度估算出（按施工场地面积计算的）近似的排放因子为 2.69t/（km^2・30d）。此外，美国各个州、郡依据不同情况制定了地方性标准法规，如美国内华达州的克拉克郡《空气质量条例》中对颗粒物，尤其是开放源、无组织排放的颗粒物污染防治给出了详细的条文。条例要求施工扬尘监测需按照美国 EPA 方法 9 监测扬尘不透明指标。规定施工扬尘目视平均透明度小于 20%，施工场地边界扬尘的瞬时透明度小于 50%，平均透明度小于 20%等指标，同时条文中包含了机动车粘带泥土道路长度和泥土堆积厚度的要求。

英国伦敦通过规划许可制度对施工扬尘发生源头进行控制，在 2006 年通过了《建筑和拆除工地扬尘及污染气体排放控制最佳实践导则》（以下简称《导则》）。《导则》将施工中容易产生扬尘污染的活动风险进行分级，并采用了不同的监测和处置方案，其中，提出建设项目施工扬尘污染指标为：工地附近的监测点 PM_{10} 在 15min 平均浓度达到 250mg/m^3，同时《导则》也有采用监测 PM_{10} 的 1h 平均浓度限制为 50mg/m^3 的替代指标。

2. 国内

1）国内研究现状

国内学者在理论方面提出实施绿色施工加强监管部门行政管理是保障，对绿色施工环境污染进行定量化评价与监测是实施行政管理的核心依据。因此，对绿色施工核心框架内容进行评价、打分系统的研究和创新成为近几年绿色施工环境管理理论的主要方向。在具体技术实施层面，有学者提出在施工组织设计中编制组织管理、环境保护、职业健康与安全措施等绿色施工技术措施，从而进一步对施工过程进行规范和约束。

清华大学李小冬课题组以全生命周期的角度针对建筑工程建立了量化的健康损害评价体系，该体系通过对建筑工程现场的环境污染监测数据，得出一个量化的环境与健康风险影响值，该评价体系将建筑工程影响评价的范围拓展到了健康损害领域。

重庆大学潘俊对建筑施工过程各类污染的控制和管理进行了较为全面的理论性研究，提出固体废弃物管理和空气污染的管理实行有区别的针对性的治理方式。

张智慧将 LCA 评价模型套用到建设项目施工阶段，通过建设项目的各项投入对环境污染程度及能源资源消耗状况进行预测。

李翔玉等运用经过改良的层次分析法确立不同施工阶段各环境因素权重，提出各个工程阶段不同排序的环境影响因素，为更有针对性的绿色施工环境保护措施提供了依据。

丛晓春等利用现场实测的方法研究了矿石堆场扬尘空气动力学表现和控制措施等相关问题，通过实测数据表明了颗粒物浓度与风速有正相关关系，与空气相对湿度为负相关关系，同时，堆场的交通负荷与颗粒物浓度正相关关系显著，表明了颗粒物浓度与堆场现场的机械操作活动之间有密切相关性。此外，根据现场实测结果，研究还初步建立了堆场的扬尘排放因子。

徐谦等以北京市平原区为研究区域，利用高分辨率卫星数据反演了建筑施工空地的空间分布格局，在空间上定量分析建筑施工空地的扬尘效应，得出施工扬尘主要分布在城市核心区并向外拓展的结论。

北京市环境保护科学研究院于 2010 年期间主持的《典型城市扬尘污染特征和防治技术途径研究》通过实测对风蚀扬尘、交通扬尘、施工扬尘、农业耕作扬尘等的控制措施做了系统性讨论和研究，通过对施工场地降尘的实测与回归分析，得出施工扬尘产生、传播与沉降的主要影响因素，开发了用于测量估算施工扬尘排放强度的“四维通量法”，讨论了施工过程中常用扬尘控制措施效果。

扬尘监测的核心目标是反映施工期间扬尘的时空分布规律并为扬尘污染排放定量评价与控制提出量化数据。一般认为，降尘是描述环境空气中扬尘污染的一个重要指标，采用降尘作为监控无组织扬尘的活动水平，具有监测方法易行、直观与可定量描述整个污染过程等优点。国内外不少学者研究表明：城市大气降尘量（扬尘的汇聚）和 PM_{10} 浓度具有很好的正相关性。北京市环境保护科学研究院等的研究表明：建筑施工扬尘所产生的降尘与总悬浮颗粒物（TSP）有较好的线性关系，随着空气采集手段、数据采集手段的进步，对大气降尘量的监测有逐步被 TSP、PM_{10} 与 $PM_{2.5}$ 自动监测所取代的趋势。值得注意的是，PM_{10} 与 $PM_{2.5}$ 虽然能够准确和快速得出空气中颗粒物质量浓度以及瞬时污染水平，但并不能反映区域内较长时间间隔内总的颗粒物污染水平，因此对 TSP、PM_{10}、$PM_{2.5}$ 等颗粒物的监测不能实现对扬尘排污的总量控制。香港特别行政区（简称《手册》）对扬尘的管理体现了全过程管理的特点，于 2014 年发布了适用建设工程的建设项目环境监测与审计手册。《手册》依据专门的施工空气质量规定了建设项目环境监理的要求，环境监测的要求规定采用 TSP 作为施工期空气质量监测因子，要求 24h 和 1h 的平均 TSP 浓度限值为 260mg/m^3 和 500mg/m^3，监测方法为高容量采样器（HVS），采样频率为每 6 天一次，同时《手册》中详细规定了监测点位的布置。

2）国内标准现状

我国的绿色施工相关理念在 1991 年建设部发布的《建设工程施工现场管理规定》中得到体现，在其第二章一般规定和第四章环境管理中，对施工过程中文明施工及环境管理方面提出了要求（表 3-1-1）。不仅要求在施工组织设计中写出环境污染保护措施，还强调了应采取有效措施控制施工过程中的扬尘。

《建设工程施工现场管理规定》部分规定　　表 3-1-1

规范条文号	具体内容
第十一条	施工组织设计应当包括下列主要内容： (一)工程任务情况； (二)施工总方案、主要施工方法、工程施工进度计划、主要单位工程综合进度计划和施工力量、机具及部署； (三)施工组织技术措施，包括工程质量、安全防护以及环境污染防护等各种措施； (四)施工总平面布置图； (五)总承包和分包的分工范围及交叉施工部署等
第三十一条	施工单位应当遵守国家有关环境保护的法律规定，采取措施控制施工现场的各种粉尘、废气、废水、固定废弃物以及噪声、振动对环境的污染和危害
第三十二条	施工单位应当采取下列防止环境污染的措施： (一)妥善处理泥浆水，未经处理不得直接排入城市排水设施和河流； (二)除设有符合规定的装置外，不得在施工现场熔融沥青或者焚烧油毡、油漆以及其他会产生有毒、有害烟尘和恶臭气体的物质； (三)使用密封式的圈筒或者采取其他措施处理高空废弃物； (四)采取有效措施控制施工过程中的扬尘； (五)禁止将有毒、有害废弃物用作土方回填； (六)对产品噪声、振动的施工机械应采取有效控制措施，减轻噪声扰民
第三十三条	建设工程施工由于受技术、经济条件限制，对环境的污染不能控制在规定范围内的，建设单位应当会同施工单位事先报请当地人民政府建设行政主管部门和环境行政主管部门批准

2003年颁布了《排污费征收标准管理办法》，规范了排污费征收标准的管理，还在附件中对施工过程的扬尘污染限值和排污费征收标准和计算办法做出了规定（表3-1-2）。

《排污费征收标准管理办法》部分规定　　表3-1-2

<table>
<tr><th>规范条文号</th><th>具体内容</th></tr>
<tr><td>第三条</td><td>县级以上地方人民政府环境保护行政主管部门应按下列排污收费项目向排污者征收排污费：
（二）废气排污费。对向大气排放污染物的，按照排放污染物的种类、数量计征废气排污费。对机动车、飞机、船舶等流动污染源暂不征收废气排污费</td></tr>
<tr><td>附</td><td>二、废气排污费征收标准及计算方法
（一）废气排污费按排污者排放污染物的种类、数量以污染当量计算征收，每一污染当量征收标准为0.6元。
（二）对每一排放口征收废气排污费的污染物种类数，以污染当量数从多到少的顺序，最多不超过3项。
（三）大气污染物污染当量数计算
$$某污染物的污染当量数=\frac{该污染物的排放量(千克)}{该污染物的污染当量值(千克)}$$
大气污染物污染当量值见表5
（四）排污费计算
废气排污费征收额=0.6元×前3项污染物的污染当量数之和
大气污染物污染当量值　　表5
<table><tr><th>污染物</th><th>污染当量值(千克)</th></tr><tr><td>11. 一般性粉尘</td><td>4</td></tr><tr><td>12. 石棉尘</td><td>0.53</td></tr><tr><td>13. 玻璃棉尘</td><td>2.13</td></tr><tr><td>14. 炭黑尘</td><td>0.59</td></tr></table></td></tr>
</table>

2007年建设部印发了《绿色施工导则》，明确定义了绿色施工，同时指出绿色施工的推广和实施需要监管部门的监督，需要施工企业积极发展适合绿色施工的资源利用与环境保护技术，限制或放弃使用落后的施工技术，实施施工技术创新。同时在《绿色施工导则》给出的绿色施工总体框架中，扬尘控制是环境保护方面的重要内容之一。另外，其在环境保护技术要点中还提出了针对不同施工阶段和作业区的扬尘控制措施（表3-1-3）。

《绿色施工导则》部分规定　　表3-1-3

规范条文号	具体内容
4.2.1	扬尘控制 1. 运送土方、垃圾、设备及建筑材料等，不污损场外道路。运输容易散落、飞扬、流漏的物料的车辆，必须采取措施封闭严密，保证车辆清洁。施工现场出口应设置洗车槽。 2. 土方作业阶段，采取洒水、覆盖等措施，达到作业区目测扬尘高度小于1.5m，不扩散到场区外。 3. 结构施工、安装装饰装修阶段，作业区目测扬尘高度小于0.5m。对易产生扬尘的堆放材料应采取覆盖措施；对粉末状材料应封闭存放；场区内可能引起扬尘的材料及建筑垃圾搬运应有降尘措施，如覆盖、洒水等；浇筑混凝土前清理灰尘和垃圾时尽量使用吸尘器，避免使用吹风器等易产生扬尘的设备；机械剔凿作业时可用局部遮挡、掩盖、水淋等防护措施；高层或多层建筑清理垃圾应搭设封闭性临时专用道或采用容器吊运。 4. 施工现场非作业区达到目测无扬尘的要求。对现场易飞扬物质采取有效措施，如洒水、地面硬化、围挡、密网覆盖、封闭等，防止扬尘产生。 5. 构筑物机械拆除前，做好扬尘控制计划。可采取清理积尘、拆除体洒水、设置隔挡等措施。 6. 构筑物爆破拆除前，做好扬尘控制计划。可采用清理积尘、淋湿地面、预湿墙体、屋面敷水袋、楼面蓄水、建筑外设高压喷雾状水系统、搭设防尘排栅和直升机投水弹等综合降尘。选择风力小的天气进行爆破作业。 7. 在场界四周隔挡高度位置测得的大气总悬浮颗粒物(TSP)月平均浓度与城市背景值的差值不大于0.08mg/m^3

2019年我国发布了《工作场所有害因素职业接触限值 第1部分：化学有害因素》GBZ 2.1标准。该标准为强制性标准，适用于工业企业卫生设计及存在或产生化学有害因素的各类工作场所。适用于工作场所卫生状况、劳动条件、劳动者接触化学因素的程度、生产装置泄漏、防护措施效果的监测、评价、管理及职业卫生监督检查等。其对总粉尘、呼吸性粉尘和空气动力学直径进行了定义，并规定了工作场所空气中粉尘容许浓度（表3-1-4）

《工作场所有害因素职业接触限值第1部分：化学有害因素》（GBZ 2.1）

工作场所空气中粉尘职业接触限值　　表3-1-4

序号	中文名	英文名	化学文摘号CAS号	PC-TWA（mg/m^3）		临界不良健康效应	备注
				总尘	呼尘		
1	白云石粉尘	Dolomite dust	—	8	4	尘肺病	—
2	玻璃钢粉尘	Fiberglass reinforced plastic dust	—	3	—	尘肺病，呼吸道、皮肤刺激	—
5	大理石粉尘（碳酸钙）	Marble dust	1317-65-3	8	4	眼、皮肤刺激，尘肺病	—
6	电焊烟尘	Welding fume	—	4	—	电焊工尘肺	G2B
8	沸石粉尘	Zeolite dust	—	5	—	尘肺病，肺癌	G1
9	酚醛树脂粉尘	Phenolic aldehyde resin dust	—	6	—	上呼吸道刺激	—
12	硅灰石粉尘	Wollastonite dust	13983-17-0	5	—	—	—
13	硅藻土粉尘（游离SiO_2含量<10%）	Diatomite dust (free SiO_2< 10%)	61790-53-2	6	—	尘肺病	—
15	滑石粉尘（游离SiO_2含量<10%）	Talc dust (free SiO_2<10%)	14807-96-6	3	1	滑石尘肺	—
16	活性炭粉尘	Active carbon dust	64365-11-3	5	—	尘肺病	—
17	聚丙烯粉尘	Polypropylene dust	—	5	—	—	—
19	聚氯乙烯粉尘	Polyvinyl chloride (PVC) dust	9002-86-2	5	—	下呼吸道刺激；肺功能改变	
20	聚乙烯粉尘	Polyethylene dust	9002-88-4	5	—	呼吸道刺激	
21	铝尘　铝金属、铝合金粉尘、氧化铝粉尘	Aluminum dust: Metal & alloys dust Aluminium oxide dust	7429-90-5	3 4	—	铝尘肺；眼损害；黏膜、皮肤刺激	
22	麻尘（游离SiO_2含量<10%）亚麻、黄麻、苎麻	Flax, jute and ramie dust (free SiO_2<10%) Flax Jute Ramie	—	1.5 2 3	—	棉尘病	
24	棉尘	Cotton dust	—	1	—	棉尘病	

续表

序号	中文名	英文名	化学文摘号 CAS号	PC-TWA (mg/m^3)		临界不良健康效应	备注
				总尘	呼尘		
25	木粉尘(硬)	Wood dust	—	3	—	皮炎、鼻炎、结膜炎；哮喘、外源性过敏性肺炎；鼻咽癌等	
27	膨润土粉尘	Bentonite dust	1302-78-9	6	—	鼻、喉、肺、眼刺激；支气管哮喘	
29	人造矿物纤维绝热棉粉尘(玻璃棉、矿渣棉、岩棉)	Man-made mineral fiber insulation wools(Glass wool, Slag wool, Rock wool)	—	51f/mL	—	质量浓度：皮肤和眼刺激纤维浓度：呼吸道不良健康效应	
31	砂轮磨尘	Grinding wheel dust	—	8	—	轻微致肺纤维化作用	
32	石膏粉尘	Gypsum dust	10101-41-4	8	4	上呼吸道、眼和皮肤刺激；肺炎等	
33	石灰石粉尘	Limestone dust	1317-65-3	8	4	眼、皮肤刺激；尘肺	—
34	石棉(石棉含量＞10%)粉尘纤维	Asbestos (Asbestos＞10%) dust Asbestos fibre	1332-21-4	0.8 0.8 f/mL	—	石棉肺；肺癌、间皮瘤	G1
36	水泥粉尘(游离 SiO_2 含量＜10%)	Cement dust (free SiO_2＜10%)	—	4	1.5	水泥尘肺	—
37	炭黑粉尘	Carbon black dust	1333-86-4	4	—	炭黑尘肺	G2B
38	碳化硅粉尘	Silicon carbide dust	409-21-2	8	4	尘肺病；上呼吸道刺激	—
39	碳纤维粉尘	Carbon fiber dust	—	3	—	上呼吸道、眼及皮肤刺激	—
45	云母粉尘	Mica dust	12001-26-2	2	1.5	云母尘肺	—
46	珍珠岩粉尘	Perlite dust	93763-70-3	8	4	眼、皮肤、上呼吸道刺激	—
47	蛭石粉尘	Vermiculite dust	—	3	—	眼、上呼吸道刺激	—
48	重晶石粉尘	Barite dust	7727-43-7	5	—	眼刺激；尘肺	—

2010年版《建筑工程绿色施工评价标准》GB/T 50640的制定，规范了建筑工程绿色施工评价方法，推进了绿色施工的发展。该标准的评价要素由控制项、一般项和优选项三类评价指标组成。同时列出了9条建筑工程扬尘控制的规定，以施工作业人员的健康为出发点，要求在施工中应采取有效防尘措施，加强人员健康管理(表3-1-5)。

《建筑工程绿色施工评价标准》GB/T 50640 部分规定 表 3-1-5

规范节号	具体内容
4.0.1	评价阶段宜按地基与基础工程、结构工程、装饰装修与机电安装工程进行
5.2.3	扬尘控制应符合下列规定： 1. 现场应建立洒水清扫制度，配备洒水设备，并应有专人负责； 2. 对裸露地面、集中堆放的土方应采取抑尘措施； 3. 运送土方、渣土等易产生扬尘的车辆应采取封闭或遮盖措施； 4. 现场进出口应设冲洗池和吸湿垫，应保持进出现场车辆清洁； 5. 易飞扬和细颗粒建筑材料应封闭存放，余料及时回收； 6. 易产生扬尘的施工作业应采取遮挡、抑尘等措施； 7. 拆除爆破作业应有降尘措施； 8. 高空垃圾清运应采用密封式管道或垂直运输机械完成； 9. 现场使用散装水泥有密闭防尘措施
5.3.6	现场应采用喷雾设备降尘
7.3.3	为减少扬尘，现场环境绿化、路面降尘使用非传统水源

2010 年中国建筑业协会组织评审并确定了“建筑业首批绿色施工示范工程”制度，2012 年 4 月，中国建筑业协会绿色施工分会成立，我国的绿色施工在技术和政策层面得到了进一步推动与发展。

2012 年第三次修订的《环境空气质量标准》GB 3095 在第四章中规定：环境空气功能区分为二类：一类区为自然保护区、风景名胜区和其他需要特殊保护的区域；二类区为居住区、商业交通居民混合区、文化区、工业区和农村地区。一类区适用一级浓度限值，二类区适用二级浓度限值。这次修订调整了环境空气功能区分类，将三类区并入二类区；还调整了颗粒物（粒径小于等于 10μm）的浓度限值，增设了颗粒物（粒径小于等于 2.5μm）的浓度限值，见表 3-1-6。

《环境空气质量标准》GB 3095 部分规定 表 3-1-6

规范条文号	具体内容
3.2	总悬浮颗粒物（TSP） 指环境空气中空气动力学当量直径小于 100μm 的颗粒物
3.3	颗粒物（粒径小于等于 10μm）（PM_{10}） 指环境空气中空气动力学当量直径小于等于 10μm 的颗粒物，也称可吸入颗粒物
3.4	颗粒物（粒径小于等于 2.5μm）（$PM_{2.5}$） 指环境空气中空气动力学当量直径小于等于 2.5μm 的颗粒物，也称细颗粒物
4.1	环境空气功能区分类：环境空气功能区分为二类：一类区为自然保护区、风景名胜区和其他需要特殊保护的区域；二类区为居住区、商业交通居民混合区、文化区、工业区和农村地区

续表

<table>
<tr><th>规范条文号</th><th colspan="6">具体内容</th></tr>
<tr><td rowspan="10">4.2</td><td colspan="6">环境空气功能区质量要求：
一类区使用一级浓度限值，二类区使用二级浓度限值。一、二类环境空气功能区质量要求见下表：</td></tr>
<tr><td rowspan="2">序号</td><td rowspan="2">污染物项目</td><td rowspan="2">平均时间</td><td colspan="2">浓度限值</td><td rowspan="2">单位</td></tr>
<tr><td>一级</td><td>二级</td></tr>
<tr><td rowspan="2">1</td><td rowspan="2">颗粒物(粒径小于等于10μm)</td><td>年平均</td><td>40</td><td>70</td><td rowspan="6">μg/m³</td></tr>
<tr><td>24h平均</td><td>50</td><td>150</td></tr>
<tr><td rowspan="2">2</td><td rowspan="2">颗粒物(粒径小于等于2.5μm)</td><td>年平均</td><td>15</td><td>35</td></tr>
<tr><td>24h平均</td><td>35</td><td>75</td></tr>
<tr><td rowspan="2">3</td><td rowspan="2">总悬浮颗粒物(TSP)</td><td>年平均</td><td>80</td><td>120</td></tr>
<tr><td>24h平均</td><td>120</td><td>300</td></tr>
</table>

2013年住房城乡建设部发布了《建设工程施工现场环境与卫生标准》JGJ 146，该标准在第4.2.7节中提出“在规定区域内的施工现场应使用预拌制混凝土及预拌砂浆。采用现场搅拌混凝土或砂浆的场所应采取封闭、降尘、降噪措施”，明确了水泥和其他易飞扬的细颗粒建筑材料等扬尘源的控制措施，见表3-1-7。

《建设工程施工现场环境与卫生标准》JGJ 146部分规定　　表3-1-7

规范条文号	具体内容
3.0.8	施工现场应实行封闭管理，并应采用硬质围挡。市区主要路段的施工现场围挡高度不应低于2.5m，一般路段围挡高度不应低于1.8m，围挡应牢固、稳定、整洁。距离交通路口20m范围内占据道路施工设置的围挡，其0.8m以上部分应采用通透性围挡，并应采取交通疏导和警示措施
3.0.9	施工现场出入口应标有企业名称或企业标识。主要出入口明显处应设置工程概况牌，施工现场大门内应有施工现场总平面图和安全管理、环境保护与绿色施工、消防保卫等制度牌和宣传栏
4.2.1	施工现场的主要道路要进行硬化处理。裸露的场地和堆放的土方应采取覆盖、固化或绿化等措施
4.2.2	施工现场土方作业应采取防止扬尘措施，主要道路应定期清扫、洒水
4.2.3	拆除建筑物或者构筑物时，应采用隔离、洒水等降噪、降尘措施，并及时清理废弃物
4.2.4	土方和建筑垃圾的运输必须采用封闭式运输车辆或采取覆盖措施。施工现场出口处应设置车辆冲洗设施，并应对驶出的车辆进行清洗
4.2.7	在规定区域内的施工现场应使用预拌制混凝土及预拌砂浆。采用现场搅拌混凝土或砂浆的场所应采取封闭、降尘、降噪措施。水泥和其他易飞扬的细颗粒建筑材料应密闭存放或采取覆盖等措施
4.2.8	当市政道路施工进行铣刨、切割等作业时，应采取有效的防扬尘措施。灰土和无机料应采用预拌进场，碾压过程中应洒水降尘
4.2.10	环境空气质量指数达到中度及以上的污染时，施工现场应增加洒水频次，加强覆盖措施，减少宜造成大气污染的施工作业

2014年的《建筑工程绿色施工规范》GB/T 50905在第3.3.1节中规定“土石方作业区内扬尘目测高度应小于1.5m，结构施工、安装、装饰装修阶段目测扬尘高度应小于0.5m，

不得扩散到工作区域外”，对施工现场扬尘控制提出了具体的评价指标，见表3-1-8。

《建筑工程绿色施工规范》GB/T 50905—2014部分规定　　表3-1-8

规范条文号	具体内容
3.3.1	施工现场扬尘控制应符合下列规定： 1. 施工现场宜搭设封闭式垃圾站。 2. 细散颗粒材料、易扬尘材料应封闭堆放、存储和运输。 3. 施工现场出口应设冲洗池，施工场地、道路应采取定期洒水抑尘措施。 4. 土石方作业区内扬尘目测高度应小于1.5m，结构施工、安装、装饰装修阶段目测扬尘高度应小于0.5m，不得扩散到工作区域外。 5. 施工现场使用的热水锅炉等宜使用清洁燃料。不得在施工现场融化沥青或焚烧油毡、油漆以及其他产生有毒、有害烟尘和恶臭气体的物质
6.1.4	地基与基础工程施工应符合下列要求： 1. 现场土、料存放应采取加盖或植被覆盖措施。 2. 土方、渣土装卸车和运输车应有防止遗撒和扬尘的措施。 3. 对施工过程产生的泥浆应设置专门的泥浆池或泥浆罐车储存
7.1.3	施工现场宜采用预拌混凝土和预拌砂浆。现场搅拌混凝土和砂浆时，应使用散装水泥；搅拌机棚应有封闭降噪和防尘措施
8.2.1	地面基层处理应符合下列规定： 基层粉尘清理应采用吸尘器；没有防潮要求的，可采用洒水降尘等措施
11.1.2	建筑物拆除过程应控制废水、废弃物、粉尘的产生和排放
11.2.5	拆除施工前，应制定防尘措施；采取水淋法降尘时，应有控制用水量和污水流淌的措施
11.3.4	爆破拆除防尘和飞石控制应符合下列规定： 1. 钻机成孔时，应设置粉尘收集装置，或采取钻杆带水作业等降尘措施。 2. 爆破拆除时，可采用在爆点位置设置水袋的方法或多孔微量爆破方法。 3. 爆破完成后，宜用高压水枪进行水雾消尘。 4. 对于重点防护的范围，应在其附近架设防护排架，并挂金属网防护

2015年修订的《中华人民共和国大气污染防治法》第六十九条“建设单位应当将防治扬尘污染的费用列入工程造价，并在施工承包合同中明确施工单位扬尘污染防治责任。施工单位应当制定具体的施工扬尘污染防治实施方案”，该规定强调了施工扬尘污染控制的重要性，并且通过设置处罚措施加大对施工单位的监督力度，见表3-1-9。

《中华人民共和国大气污染防治法》部分规定　　表3-1-9

规范条文号	具体内容
第六十八条	地方各级人民政府应当加强对建设施工和运输的管理，保持道路清洁，控制料堆和渣土堆放，扩大绿地、水面、湿地和地面铺装面积，防治扬尘污染。 住房城乡建设、市容环境卫生、交通运输、国土资源等有关部门，应当根据本级人民政府确定的职责，做好扬尘污染防治工作
第六十九条	建设单位应当将防治扬尘污染的费用列入工程造价，并在施工承包合同中明确施工单位扬尘污染防治责任。施工单位应当制定具体的施工扬尘污染防治实施方案

续表

规范条文号	具体内容
第七十条	运输煤炭、垃圾、渣土、砂石、土方、灰浆等散装、流体物料的车辆应当采取密闭或者其他措施防止物料遗撒造成扬尘污染，并按照规定路线行驶。 装卸物料应当采取密闭或者喷淋等方式防治扬尘污染
第七十二条	贮存煤炭、煤矸石、煤渣、煤灰、水泥、石灰、石膏、砂土等易产生扬尘的物料应当密闭；不能密闭的，应当设置不低于堆放物高度的严密围挡，并采取有效覆盖措施防治扬尘污染

中国现行的城市环境规划指标是污染物总量控制指标，污染物总量控制指标将污染源与环境质量联合起来考虑，技术关键是寻找源与汇的输入相应关系。而现在普遍易用的指标是污染浓度标准指标，污染浓度标准指标对污染源的污染物排放浓度和环境中的污染物浓度作出规定，这样很容易被仪器所监测，控制目标也容易制定，但这种指标体系对输入环境中的污染物总量无直接约束，没能将污染物的源与汇结合起来考虑，从污染治理的角度讲，浓度控制指标帮助不大。建筑工地作为城市污染物重要的源，具有排放集中和排放量大的特点，相较于城市中其他类常见非工业污染源，是可以进行污染总量控制的源。

《防治城市扬尘污染技术规范》HJ/T 393—2007 提出了规范的道路积尘负荷的监测方法，并依据城市道路的不同类型分别制定道路积尘负荷限值标准，监测方法采用人工进行取样和称量。道路积尘负荷限定标准参考值采用 20 目和 200 目标准筛，筛分出粒径小于 75μm 的颗粒所占单次的采样道路积尘比例，得到道路积尘负荷限定标准参考值，规范推荐监测频率为一个月。

《建筑工程绿色施工规范》及《绿色施工导则》提出了采用人工“目测”方法进行现场扬尘浓度和扩散范围监测，要求土石方作业区内扬尘目测高度应小于 1.5m，结构施工、安装、装饰装修阶段目测扬尘高度应小于 0.5m，且扬尘不得扩散到工作区域。

通过研究现有建设施工过程中扬尘监测指标体系，可知我国的扬尘监测指标为以短时间浓度为代表性指标，浓度指标是采用连续自动监测的成果，如前文所述，PM_{10} 与 $PM_{2.5}$ 虽然能够准确和快速得出空气中颗粒物质量浓度以及瞬时污染水平，可以很方便的从施工作业环境影响和工人身心健康的角度评估污染的程度，但空气颗粒物的体积浓度指标并不能反映区域内较长时间间隔内总的颗粒物污染水平，因此，浓度监测不能实现对扬尘排污的总量控制。

第二节 关于扬尘的评价量指标

扬尘监测的核心目标是反映施工期间扬尘的时空分布规律并为扬尘污染排放定量评价与控制提出量化数据。一般认为，降尘是描述环境空气中扬尘污染的一个重要指标，采用降尘作为监控无组织扬尘的活动水平，具有监测方法易行、直观与可定量描述整个污染过程等优点。国内外不少学者研究表明，城市大气降尘量（扬尘的汇聚）和 PM_{10} 浓度具有很好的正相关性。北京市环境保护科学研究院等的研究表明：建筑施工扬尘所产生的降尘与 TSP 有较好的线性关系，随着空气采集手段、数据采集手段的进步，对大气降尘量的监测有逐步被 TSP、PM_{10} 与 $PM_{2.5}$ 自动监测所取代的趋势。

1. 降尘

降尘是指自然降落于地面的空气颗粒物，其粒径多在 10μm 以上，计量指标单位为一定时间内单位面积上地表沉降物质的量。大气粉尘自然沉降量的监测是开展较早的大气污染物例行监测项目。降尘反映颗粒物的自然沉降量，用每月沉降于单位面积上颗粒物的重量表示，单位：t/（km^2 · 30d）。在空气中沉降较快，故不易吸入呼吸道。其自然沉降能力主要取决于自重和粒径大小，是反映大气尘粒污染的主要指标之一。

《防治城市扬尘污染技术规范》HJ/T 393—2007 提出了规范的道路积尘负荷监测方法，并依据城市道路的不同类型分别制定道路积尘负荷限值标准，监测方法采用人工取样和称量。道路积尘负荷限定标准参考值采用 20 目和 200 目标准筛筛分出粒径小于 75μm 的颗粒所占单次的采样道路积尘比例，得到道路积尘负荷限定标准参考值，规范推荐监测频率为一个月，见表 3-2-1。

道路积尘负荷限定标准参考值（单位：g/m^2）　　表 3-2-1

道路类型		优	良	中	差
快速路	机动车道	<1.0	1.0～2.5	2.5～5.0	>5.0
	非机动车道	<8.0	8.0～16.0	16.0～24.0	>24.0
主干道	机动车道	<1.0	1.0～2.0	2.0～4.0	>4.0
	非机动车道	<6.0	6.0～12.0	12.0～20.0	>20.0
次干道	机动车道	<1.0	1.0～2.0	2.0～4.5	>4.5
	非机动车道	<4.0	6.0～12.0	12.0～20.0	>20.0
支路	/	<4.0	4.0～8.0	8.0～12.0	>12.0

2. 总悬浮微粒

总悬浮微粒也叫 TSP，为英文 total suspended particulate 的缩写，又称总悬浮颗粒物。指用标准大容量颗粒采集器在滤膜上收集到的颗粒物的总质量，有人为源和自然源之分。人为源主要是燃煤、燃油、工业生产过程等人为活动排放出的；自然源主要有土壤、扬尘、沙尘经风力的作用输送到空气中而形成的。

3. PM_{10}

PM_{10} 又称可吸入颗粒物，通常是指粒径在 10μm 以下的颗粒物。可吸入颗粒物在环境空气中持续的时间很长，对人体健康和大气能见度的影响都很大。通常来自未铺的沥青，水泥路面上行驶的机动车，材料的破碎碾磨处理过程以及被风扬起的尘土。可吸入颗粒物被人吸入后，会积累在呼吸系统中，引发许多疾病，对人危害大。可吸入颗粒物的浓度以每立方米空气中可吸入颗粒物的毫克数表示。1996 年，当时的国家环保总局颁布了修订的《环境空气质量标准》GB 3095 中将飘尘改称为可吸入颗粒物，作为正式大气环境质量标准。

4. $PM_{2.5}$

$PM_{2.5}$ 又称细颗粒物。细颗粒物指环境空气中空气动力学当量直径小于等于 2.5μm 的颗粒物。它能较长时间悬浮于空气中，其在空气中含量浓度越高，就代表空气污染越严重。虽然 $PM_{2.5}$ 只是地球大气成分中含量很少的组分，但它对空气质量和能见度等有重要的影响。与较粗的大气颗粒物相比，$PM_{2.5}$ 粒径小、面积大、活性强，易附带有毒、有害物质（例如，重金属、微生物等），且在大气中的停留时间长、输送距离远，因而对人体健康和大气环境质量的影响更大。$PM_{2.5}$ 检测网空气质量新标准见表 3-2-2。

$PM_{2.5}$ 检测网空气质量新标准　　表 3-2-2

空气质量等级	24h $PM_{2.5}$ 平均值标准值
优	0～35μg/m^3
良	35～75μg/m^3
轻度污染	75～115μg/m^3
中度污染	115～150μg/m^3
重度污染	150～250μg/m^3
严重污染	大于 250μg/m^3 及以上

粒径小于 100μm 的称为 TSP，即总悬浮物颗粒；粒径小于 10μm 的称为 PM_{10}，即可吸入颗粒；粒径小于 2.5μm 的称为 $PM_{2.5}$。TSP 和 PM_{10} 在粒径上存在着包含关系，即 PM_{10} 为 TSP 的一部分。国内外研究结果表明：PM_{10}/TSP 的重量比值为 60%～80%。在空气质量预测中，烟尘或粉尘要给出粒径分布，当粒径大于 10μm 时，要考虑沉降；小于 10μm 时，与其他气态污染物一样，不考虑沉降。所有烟尘、粉尘联合预测，结果表达为 TSP，仅对小于 10μm 的烟尘、粉尘预测，结果表达为 PM_{10}。

5. 目测高度

《建筑工程绿色施工规范》GB/T 50905—2014 及《绿色施工导则》提出了采用人工“目测”方法进行现场扬尘浓度和扩散范围监测，要求土石方作业区内扬尘目测高度应小于 1.5m，结构施工、安装、装饰装修阶段目测扬尘高度应小于 0.5m，且扬尘不得扩散到工作区域。

6. 国内大气颗粒物监测指标汇总

见表 3-2-3。

国内大气颗粒物监测指标汇总　　表 3-2-3

规范	发布机构	频率	对象	指标
环境空气质量标准	环境保护部	24h	PM_{10} $PM_{2.5}$ TSP	150μg/m³ 75μg/m³ 300μg/m³
工作场所有害因素职业接触限值化学有害因素	卫生部	工作时间加权平均	水泥尘 木粉尘 矽尘	见相应规定
防治城市扬尘污染技术规范	环境保护总局	月度	道路积尘	见相应规定
建筑工程绿色施工规范	住房城乡建设部	实时	土石方作业区 其他作业区	目视不超过 0.5m 目视不超过 1.5m
建筑施工颗粒物控制标准	上海市环保局	15min	总粉尘	2mg/m³一次 1mg/m³六次
住房城乡建设部绿色施工科技示范工程技术指标及实施与评价指南	住房城乡建设部	每日上、下午各一次	PM_{10} $PM_{2.5}$	不高于当地气象部门公布数据

7. 现行施工场界标准的评价量指标

现行施工现场以 $PM_{2.5}$ 和 PM_{10} 自动监测读取数据与当地气象部门公布数据对比，以不超过当地气象部门公布数据为扬尘控制达标依据。

我国绿色施工实施初期，以《建筑工程绿色施工规范》GB/T 50905—2014 为代表的相关标准规定的以目测高度作为扬尘评价量指标，规定地基与基础施工阶段目测扬尘高度不大于 1.5m、主体施工阶段和装饰装修与机电安装施工阶段目测扬尘高度不大于 0.5m 为扬尘评价量指标，该指标存在无法准确、连续监测的缺点，因此无法对施工扬尘的控制效果进行客观评价并起到确切的指导作用。

第三节　施工全过程扬尘特点

1. 施工场地主要扬尘源分析

1）土石方基础施工阶段与拆除施工阶段

土石方基础施工与拆除施工阶段。该阶段的爆破施工、挖掘搬运施工、现场石料切割加工、推土平地施工、夯土压实施工、石料摊铺等工序均会对现场裸土、岩石等造成扰动，引起施工作业面的击发、粉碎和磨损，产生人力和机械力扬尘，并借助人造风和自然风的传输形成扬尘扩散。同时，以上施工作业是建筑施工过程中涉及施工机械种类最多的阶段，各种施工机械的转移、搬运也在裸露岩土表面形成扬尘，该阶段的扬尘控制措施主要以围挡阻挡、洒水湿作业以及土体固结为主。

2）**主体结构施工阶段**

主体结构施工阶段扬尘的产生主要以施工材料的运输和现场加工为主。扬尘发生过程主要为水泥、砂石类及相关产品运输与操作，包括水泥尘、木粉尘和矽尘等。但随着施工节奏的加快和施工技术的提升，主要建筑材料（混凝土、钢筋、模板等）现场加工的工序已有相当部分被工厂预制或预拼装施工所取代。

3）**装饰装修阶段**

根据施工现场监测研究表明，装饰装修阶段对施工期扬尘的贡献较大。原因是该阶段一般在主体结构施工完成后，此时施工现场面临着临时建筑的拆除、零星的绿化土方工程和施工材料的现场加工等作业，容易造成施工材料、废弃物转运频繁。

4）**材料与废弃物运输**

材料与废弃物运输是极易产生扬尘的施工活动。由于施工工地多采用重型卡车进行转移运输，因此非常容易对固化或未固化道路产生较大的扰动。除了采用常规的设置围挡、洒水以及道路固结以外，对材料临时堆场与运输车辆的管理也至关重要。要求渣土车辆在运输工作期间严禁随意改变运输路线或沿途抛撒，限制渣土车市区运输建筑渣土时间，非特殊条件下禁止白天、雨天运输，渣土运输车辆在市区内行驶时速不得超过 30 公里。渣土车辆在施工范围内的运行须采取洒水、道路硬化措施，运行速度应严格遵守施工现场要求。

2. 施工全过程扬尘类型

目前，扬尘污染根据其主要来源，可以分为以下几种类型：

一是施工扬尘，即在城市市政建设、建筑物建造与拆迁、设备安装工程及装修工程等施工过程中产生的扬尘。施工过程产生的建筑扬尘为城市主要的扬尘源，也是扬尘污染控制的首要对象。施工扬尘产生的原因有以下 4 点：

（1）建设单位在工程开工前的开挖土石方：建筑工地基础工程大都采取“大开挖”作业方法，防尘措施不够完备。

（2）建筑施工现场管理不规范：施工现场的硬化、绿化不达标，扬尘较多；现场的材料堆放管理较乱，建筑垃圾清运不及时且现场的围挡不严密。

（3）建筑材料和建筑垃圾的搬运：在车辆运输过程中，由于封闭不严密，从地方建材的入出场、建筑垃圾的清运，到土石方的搬运都会产生大量的施工扬尘。

（4）拆迁作业过程中产生的大量尘土。

二是道路扬尘。道路上的积尘在一定的动力条件，如：风力、机动车碾压或人群活动的作用下，一次或多次扬起并混合，进入环境空气中形成不同粒度分布的颗粒物，形成道路扬尘。经调查，道路扬尘主要来源于机动车携带的泥块、沙尘、物料等抖落遗撒，如：车轮从建筑工地、矿场、未铺装道路等携带的泥和尘，车载物料的遗撒等。

三是堆场扬尘。堆场扬尘是指各种工业原料堆（如粉煤灰堆、煤堆等），建筑料堆（如砂石、水泥、石灰等），化工固体废弃物（如冶炼灰渣、燃煤灰渣、化工渣、其他工业固体废物），建筑工程渣土及建筑垃圾、生活垃圾等由于堆积和风蚀作用下造成的扬尘。虽然堆场扬尘的量化有一定的难度，但它们仍然会造成比较明显的局部扬尘污染。

施工全过程扬尘发生与控制汇总表见表 3-3-1。

施工全过程扬尘发生与控制汇总表 **表 3-3-1**

施工阶段/活动	扬尘源	扬尘类型	抑制措施	控制难度
土石方基础施工与拆除施工	裸露土体风蚀、机械扰动、运输车辆	土壤尘、道路尘、堆场尘	围挡、洒水湿作业、土体固结	最难
主体结构施工	材料加工、搬运、车辆运输	水泥尘、木屑粉尘、砂尘	围挡、洒水、车辆管理	一般
装饰装修施工	材料加工	水泥尘、其他扬尘	湿作业	难
材料与废弃物运输	运输车辆、机械扰动	道路尘、土壤尘	同土方基础施工、车辆管理	难

3. 施工全过程扬尘危害

扬尘污染是由粒径较大的颗粒物组成的，常会被阻挡在人的上呼吸道，如果扬尘颗粒在 10μm 以下就会进入人的下呼吸道，而在 2.5μm 以下，就会积聚在人的肺泡中，引发一系列疾病，严重时可导致肺衰竭。

尤其是在一些工厂或者建筑工地，因施工人员活动或机械的运转而产生大量扬尘悬浮在空中，不仅会使粉尘浓度增加，同时也会降低大气质量。在大城市，粉尘浓度已经严重超标，因粉尘中含有大量的重金属有毒物质，不仅会影响周围植物生长，也会影响人们的身体健康。毕竟含有重金属元素粉尘颗粒会随着空气流动，一旦其中的微细颗粒进入人的呼吸系统、积留在肺泡中，就会引发一系列疾病。再加上扬尘中含有大量细菌和病毒，扬尘会成为细菌和病毒的介质加快它们的传播速度，严重影响人的身体健康。

此外，因现场扬尘问题而引发的民事问题也会随之增多，这样不仅无法保证施工顺利进行和保证施工质量，同时也会给工厂及建筑施工单位造成重大损失。

4. 施工全过程扬尘特点

施工扬尘是发展中城市大气可吸入颗粒物（PM_{10}）的主要来源之一，工地扬尘排放量和施工规模、作业方式、气象条件、地质条件、扬尘控制措施等因素有关。施工扬尘属于典型的无组织排放源，具有污染过程复杂、排放随机性大、难以量化等特点。

1）**开放性**

建筑施工场地是典型的开放性、无组织扬尘排放源。建筑施工扬尘污染具有污染源点多面广、污染过程复杂、排放随机性大、起尘量难以量化、扩散范围广、管理难度大等特点。扬尘在空间的扩散范围与工程规模、施工工艺、施工强度、起尘量大小、施工现场条件、管理水平、机械化程度、所采取的抑尘措施等人为因素及季节、现场土壤性质、气象条件等自然因素有关，是一个很难定量的问题。

2）**阶段性**

施工扬尘污染主要集中在地基开挖和回填阶段，这两个阶段主要以土方施工为主，易造成较为严重的扬尘污染。地基开挖阶段由于人员活动较频繁，且有大量建筑材料在现场处理，扬尘造成的污染也较高，而一般施工阶段扬尘污染明显减轻，远低于其他施工阶段。

3）**影响范围广**

由于施工扬尘排放具有无组织排放源的特点，传统的通过轻便风向风速表或人造烟源，按照现场实际的风向流动规律，依靠经验判断最大污染浓度的可能位置，进行监测点布设的方法，在环境复杂的施工场地以及受地形因素影响下已经越来越难以实施。因此，采取新的、有效的、简便的措施分析和描述施工场地局部地区风场分布与风速抑制措施成为施工扬尘监测与控制的核心内容。

第四节　施工全过程扬尘控制指标

1. 控制指标的影响因素

1）**周围建筑类型**

2012 年第三次修订的《环境空气质量标准》GB 3095 中将环境空气功能区分为二类，参照该标准，根据施工场地周边的建筑使用功能特点及环境空气质量要求，将建筑施工场地周边的建筑类型分为以下两类：

一类环境空气质量功能区（一类区）为自然保护区、风景名胜区和其他需要特殊保护的地区；

二类环境空气质量功能区（二类区）为城镇规划中确定的居住区、商业交通居民混合区、文化区、工业区和农村地区。

一类区适用一级浓度限值，二类区适用二级浓度限值。

2）**施工阶段**

在建筑工程施工中主要分为以下几个施工阶段：土石方基础施工阶段、结构主体施工阶段、装修施工阶段和材料与废弃物运输。在不同的施工阶段存在不同的有害气体污染源，同时对于不同施工阶段有不同的施工环境及施工工序，因而对于评价量指标有所影响。

2. 施工全过程扬尘控制指标

由于规范中并未提出材料与废弃物运输区域的目测高度，而施工现场实际扬尘高度应在土石方作业区高度与结构施工、安装、装饰装修阶段高度之间，同时考虑到渣土车的车轮直径在1.06～1.11m，故暂将其限值取为1m。

目前，我国各省市普遍把降尘监测作为常规监测项目，但各地的降尘量水平差异较大，所用的评价标准也各异。各地采用的降尘标准可分为两种类型：一类为根据本省（市）情况统一制定一个标准定值进行评价，如辽宁、广东等省；另一类为清洁对照点降尘量监测值加上某数值得到评价标准值（国家推荐方法）。国家环保局（91）环监字第089号文件《环境质量报告书编写技术规定》中建议降尘量的评价标准是：以各城市的清洁对照点测值衡量，南方城市加3t/（km^2·30d），北方城市加7t/（km^2·30d）作为暂定限值；这与降尘污染具有南、北地域的空间差异有关，北方地区降尘量明显高于南方地区。因此，将降尘的指标限值调整为清洁对照点测值加3t/（km^2·30d）和加7t/（km^2·30d），分别填入土石方基础施工与拆除施工阶段、主体结构施工阶段、装饰装修施工阶段、材料与废弃物运输的指标限值中，见表3-3-1。而表3-3-1中的一、二、三级中的清洁对照点选取不同，使得其三者之间有差异。

针对土石方基础施工与拆除施工阶段和材料与废弃物运输的浓度限值，参考中华人民共和国国家职业卫生标准《工作场所有害因素职业接触限值 第1部分化学有害因素》GBZ 2.1—2019中的超限倍数：在符合PC-TWA的前提下，粉尘的超限倍数是PC-TWA的2倍；化学物质的超限倍数（视PC-TWA限值大小）是PC-TWA的1.5～3倍。因此将扬尘污染最严重的土石方基础施工与拆除施工阶段的浓度限值调整为主体结构施工阶段的2倍，材料与废弃物运输的浓度限值调整为主体结构施工阶段的1.5倍。

TSP、PM_{10}与$PM_{2.5}$施工全过程浓度限值见表3-4-1。

TSP、PM_{10}与$PM_{2.5}$施工全过程浓度限值 **表3-4-1**

施工阶段/活动	浓度限值												
	目测高度（m）	降尘（t·km^{-2}·$月^{-1}$）			TSP(24h平均)（$\mu g/m^3$）			PM_{10}(24h平均)（$\mu g/m^3$）			$PM_{2.5}$(24h平均)（$\mu g/m^3$）		
		一级	二级	三级	一级	二级	三级	一级	二级	三级	一级	二级	三级
土石方基础施工与拆除施工	1.5	清洁对照点测值+7	清洁对照点测值+7	清洁对照点测值+7	240	600	1000	100	300	500	70	150	230

续表

施工阶段/活动	目测高度(m)	浓度限值											
		降尘 $(t\cdot km^{-2}\cdot 月^{-1})$			TSP(24h 平均)$(\mu g/m^3)$			PM_{10}(24h 平均)$(\mu g/m^3)$			$PM_{2.5}$(24h 平均)$(\mu g/m^3)$		
		一级	二级	三级	一级	二级	三级	一级	二级	三级	一级	二级	三级
主体结构施工	0.5	清洁对照点测值+3	清洁对照点测值+3	清洁对照点测值+3	120	300	500	50	150	250	35	75	115
装饰装修施工	0.5	清洁对照点测值+3	清洁对照点测值+3	清洁对照点测值+3	120	300	500	50	150	250	35	75	115
材料与废弃物运输	1	清洁对照点测值+7	清洁对照点测值+7	清洁对照点测值+7	180	450	750	75	225	375	52.5	112.5	172.5

注:表中降尘评价指标限值中的清洁对照点测值应为当地环保局所设立的城市清洁对照点位的测值。

第四章

光污染

第一节　已有指标标准和依据

1. 国外

1）国外研究现状

20世纪70年代，光污染就已经引起人们的重视。最早由国际天文界提出光污染现象，把它定义为城市夜景照明使得天空发亮并对天文观测造成负面的影响。在随后的一系列研究当中，国际照明委员会（CIE）和美英等国称之为干扰光，日本称之为光害。国际上对城市照明节能和光污染越来越重视，相继出台了多部涉及城市照明能源法令以及控制城市光污染的照明标准。

针对建筑施工，国外较少有或没有夜间施工，所以没有专门针对施工光污染的标准或依据，但针对广泛的城市光污染有很多成熟的标准或研究。

20世纪中后期，世界的光污染问题主要存在于发达国家。发达国家丰富的夜生活，促使城市夜景照明快速发展，使得光污染越来越严重。也就是在这一时期，光污染问题开始得到人们的重视。光污染最早是20世纪70年代由苏格兰和澳大利亚提出，是在天文台观测过程中发现了光污染现象。夜景照明使得天空如同白天，对天文观测造成不良影响。20世纪80年代，国际天文以及国际照明委员会（CIE）共同发表相关文章，表达减少天空光，减少对天文观测造成的不良影响的观点。随着研究的不断深入，各种叫法随之而来，比如干扰光、光害等。2013年统计数据显示，日本以及意大利的光污染增长率是非常高的，分别是12%和10%，德国光污染增长率是6%。现在绝大多数受到光污染的人群基本在欧洲以及美国。

如此飞涨的光污染增长率，对人们的生活和工作造成了很大的影响。国际上的相关科研机构，对于人的视觉舒适度、光照度等进行了探讨。探讨结果表明，必要的相关立法对于光污染的防治作用非常大。

进入21世纪，随着亚洲经济崛起，许多国家纷纷进行夜景规划，也逐渐认识到光污染的危害，国际的学术交流相当活跃。各国光污染相关研究机构见表4-1-1。

各国光污染相关研究机构　　表4-1-1

国名	中文名	英文名	贡献
英国	国家物理实验室	NPL：The UK'S National Physical Laboratory	色度学功能
美国	LRC照明研究中心	School of Architecture，Rensselaer Polytechnic Institute	中间视觉和驾驶
日本	人类生物工程学研究所	National Institute of Bioscience and Human Technology	中间视觉光度
荷兰	赫尔辛基技术大学照明实验室	Helsinki University of Technology	视觉视锐度
加拿大	加拿大滑铁卢大学	University of Waterloo	视锐度对比参数
德国	达斯塔技术大学	Darmstadt University of Technology，Germany	光谱灵敏度曲线

2）**国外标准现状**

在德国法律中，没有专门性针对光污染的条文，不过有关于不可称量物侵害制度，可以说这是法律灵活性的表现。使用类似干涉入侵以完善不可称量物的侵犯和损害，这给予了法官自由评判的空间和权利。法国民法典则有一套非常独特的近邻妨害制度，该制度是经历长时间的探索而出台的，并且以判例和学说为基础。法国民法典的这一制度与上文提及的不可称量物侵害制度，有一定的相似点。法国通过判例的方法来判定光污染的损害，光污染对他人的影响就是属于近邻妨害侵权的一种。在英国，则是邻里环境净化相关法律也是这个道理。

根据英国的这种法律条文，照明如果扰民了就是非法的。另外，英国政府还有其他很多法律规定，以维护公民利益不受照明设施的损害，地方也有相关干预性行为，比如用强制的方法强迫除去产生光污染的照明，在晚上一定时间必须切断电源。而瑞典则对光污染有很明确的规定，在其《环境保护法》中，关于大气、噪声、光等污染都有规定，对于产生这些污染的建筑物或是设施需要终止，不过暂时性干扰不包括在内。

制定指南或标准限制光污染是这几年国外在该领域的主要任务。国际照明委员会（CIE）制定标准：《城区照明指南》CIE 136-2000，《泛光照明指南》CIE 94-1993，《限制室外照明干扰光影响指南》CIE/TC5-12等。美国、英国、日本、德国、俄国、法国等国家都有本国的城市照明标准。如美国十几个州制定了有关光污染的法律法规：例如犹他州在2003年制定了《光污染防治法》，新墨西哥州在2000年颁布了《夜空保护法》。瑞典在《环境保护法》中也把光污染列入研究范围内。捷克政府颁布了《保护黑暗环境法》，并成为世界上唯一拥有真正光线法律的国家。表4-1-2是各国光污染防治立法情况。

各国光污染防治立法情况　　表 4-1-2

<table>
<tr><th colspan="2">国家或地区</th><th>出台时间</th><th>颁布法令</th></tr>
<tr><td colspan="2">法国</td><td>1804 年</td><td>《民法典》</td></tr>
<tr><td colspan="2">德国</td><td>1896 年</td><td>《民法典》(1998 年修订)</td></tr>
<tr><td colspan="2">瑞典</td><td>1969 年</td><td>《环境保护法》(1995 年修订)</td></tr>
<tr><td colspan="2">日本</td><td>1989 年</td><td>《防止光害,保护美丽的星空条例》</td></tr>
<tr><td colspan="2">新墨西哥州(美国)</td><td>2000 年</td><td>《夜空保护法》</td></tr>
<tr><td colspan="2">捷克</td><td>2002 年</td><td>《保护黑夜环境法》</td></tr>
<tr><td rowspan="4">美国</td><td>康涅狄格州</td><td>2003 年</td><td>《黑夜天空法》</td></tr>
<tr><td>犹他州</td><td>2003 年</td><td>《光污染防治法》</td></tr>
<tr><td>阿肯色州</td><td>2003 年</td><td>《夜间天空保护法》</td></tr>
<tr><td>印第安纳州</td><td>2003 年</td><td>《户外照明污染防治法》</td></tr>
<tr><td colspan="2">英国</td><td>2005 年</td><td>《邻里和环境净化法案》</td></tr>
</table>

2. 国内

1）国内研究现状

我国于 1995 年前后开始提出夜景照明光污染问题，并开始对城市夜空的天空亮度进行调查。一些学者先后在报纸杂志上发表文章讨论光污染问题，但尚未引起管理层的高度重视。

国内重点院校的建筑专业，照明技术研究机构及天文研究机构是关注光污染问题的主力军。他们往往是有经验的科学家和设计师，在研究及参与各类夜景建设项目的过程中对光污染问题有感而发，但研究的总体规模和深度并不够。

到目前为止，我国还没有出台正式的防治光污染的标准和规范，但是各大高校和科研机构的学者纷纷提出了自己的观点。2007 年同济大学王振以济南市的光污染调查为例说明我国城市光污染的现状，他指出我国在光污染标准的制定上与国外差距较大，特别是强制性、限定性的标准根本没有，制定标准是我国下一步的攻关课题。2009 年，湖南师范大学胡燮总结我国光污染防治立法现状及存在问题，对比日本、欧洲、美国等的立法现状，给出我国光污染防治立法的建议。2010 年，黑龙江大学黄殊涵在光污染法律制度方面，进行了大胆创新，提出了光污染名录制度、计划规划制度、激励奖励制度、信息化建设制度、科技支援制度、总量控制制度。具体阐述了侵权种类和承担责任的方式，对光污染侵权的被害人给予大限度的帮助。同年，吉林大学范成坤提出按区域划分进行光污染防治。中国地质大学史娜，中国政法大学左益敏等分别提出了我国光污染立法防治的构想。总结各个研究者的观点可见我国光污染防治立法并没有统一的说法。

在人工照明光污染研究方面，根据人类的主观感觉不同，主要表现为眩光、频闪、光入侵居室和人工白昼。前三种污染是小区域污染，只在光源存在处有较强烈影响。人工白昼是大区域污染，也叫人为天空辉光，影响整个城市的天空亮度，早在20世纪70年代就被天文观测者发现，并引起人类足够的重视，它是人类最早发现的光污染现象。在我国对眩光、频闪、光入侵居室的限制文件主要参照国际照明委员会（CIE）相关文件进行编制。有学者根据天津居住环境的特点，从主观和客观评价两个方面，构建居住区夜间光污染评价体系。天津大学马剑等通过建立指标群和指标群分解的方法初步得到居住区光环境评价体系，并使用模糊德尔菲法筛选居住区室外光环境评价体系中的评估因子，推导出居住区室外光环境评价体系框架，他指出我国居住区光污染主要体现在影响居民健康性方面。天空辉光是指来自大气中的气体分子和气溶胶的散射（包括可见和非可见）光线，反射在天文观测方向形成的夜空光亮现象。它由自然天空辉光和人为天空辉光（人工白昼）两个独立成分构成。刘鸣等建立了城市夜空亮度分布模型，讨论了城市夜空亮度的分布规律，初步探讨了城市夜空亮度的影响因子、监测方法与评价程序。从环境心理学角度出发，首次应用BP神经网络研究了城市夜空亮度的预测问题。

2）国内标准现状

国内部分城市出台了涉及光污染的技术标准。1999年，天津市颁布了我国第一个有关夜景照明的技术规范——《城市夜景照明技术规范》（试行稿），并于2003年在原有规范的基础上编制《天津市城市夜景照明技术标准》，新标准增加了眩光等光污染的限制值。2006年，北京市颁布了《城市夜景照明技术规范》，在第三章中对光污染提出了限制，明确规定住宅的居室和医院病房的窗口干扰光的控制标准，分时段限制了窗口的垂直照度和直接看到发光体的光强。同年，重庆市重新编制了2002年颁布的《城市夜景照明技术规范》，新规范增加了光污染一章，将光污染与生态环境联系起来。2004年，上海市出台行业技术规范《城市环境装饰照明规范》，规范中首次对居住区光环境提出要求，分时段规定朝向小区内侧和朝向小区外侧窗口垂直照度和直接看到发光体光强的数值。一些学者还对上海的城市建筑物泛光照明和广场照明方面进行研究，获得了大量翔实的资料，为我国光污染控制研究提供有力依据。2008年，住房城乡建设部颁布《城市夜景照明设计规范》，第七节中提出限制光污染，给出限值标准，规定居住区和步行区的夜景照明设施应避免对行人和骑自行车人员产生的不舒适眩光。2011年，中国环境监测总站、天津市环境监测中心与天津大学精仪学院合作，在深入研究国内外光污染防治和监测技术成果的基础上，根据我国光污染的现状，提出光污染环境监测技术方法，研发可以综合评价典型环境光污染状况的监测分析仪器，同时建立光污染评价软件系统。

我国关于城市光污染的标准，其核心内容总结如下：

（1）《建筑照明设计标准》GB 50034—2013

该标准主要对建筑室内照明提出了要求，较少涉及室外照明，并未对光污染做出要求。关于光污染的部分做了如下规定：

灯具安装高度较高的场所，应按使用要求，采用金属卤化物灯、高压钠灯或高频大功率细直管荧光灯；

多尘埃的场所，应采用防护等级不低于 IP5X 的灯具；

在室外的场所，应采用防护等级不低于 IP54 的灯具；

装有锻锤、大型桥式吊车等震动、摆动较大场所应有防震和防脱落措施。

（2）《建筑工程绿色施工评价标准》GB/T 50640—2010

该标准对建筑工程中的光污染做了如下规定：

①夜间焊接作业时，应采取挡光措施。

②工地设置大型照明灯具时，应有防止强光线外泄的措施。标准中没有对光污染的定量指标要求，仅仅提出了文字要求与建议。

（3）《室外照明干扰光限制规范》GB/T 35626—2017

根据干扰光受害对象的不同，将其分为四类，并分别针对每种类型的干扰光制定相应标准：

① 居住区的干扰光：光线射入居住建筑，影响居民的生活和休息。

② 道路交通的干扰光：道路周边的各类非道路照明装置因不合适的亮度、照射方向或安装位置，对机动车驾驶员造成眩光影响，导致其视觉可见度下降。

③ 行人的干扰光：人行道照明装置因不合适的亮度、照射方向或安装位置，对行人造成眩光影响，导致其视觉可见度下降。

④ 夜空的光污染：照明装置的光线直射或反射向夜空，影响天文观测。

（4）《城市夜景照明设计规范》JGJ/T 163—2008

该标准中第七章阐述了光污染部分，主要针对城市夜景照明所产生的光污染问题。

第二节　关于光污染的评价指标

1. 光通量

光通量指人眼所能感觉到的辐射功率，它等于单位时间内某一波段的辐射能量和该波段的相对视见率的乘积。由于人眼对不同波长光的相对视见率不同，所以不同波长光的辐射功率相等时，其光通量并不相等。

光通量是指按照国际规定的标准人眼视觉特性评价的辐射通量的导出量，以符号 Φ（或 Φ_r）表示。光通量与辐射通量的关系为

$$\phi = K_m \int V(\lambda) \phi_{e\lambda} d\lambda$$

式中：K_m—光谱光视效能的最大值，等于 683lm/W；

$V(\lambda)$—国际照明委员会（CIE）规定的标准光谱光视效率函数；

$\Phi_{e\lambda}$—辐射通量的光谱密集度。

光通量的单位是 lm（流明）；λ 为光谱光视效率。1lm 等于由一个具有 1cd（坎德拉）

均匀的发光强度的点光源在 1sr（球面度）单位立体角内发射的光通量，即 1lm=1cd・sr。一只 40W 的普通白炽灯的标称光通量为 360lm，40W 日光色荧光灯的标称光通量为 2100lm，而 400W 标准型高压钠灯的光通量可达 48000lm。

2. 发光强度

发光强度简称光强，国际单位是 candela（坎德拉）简写 cd，其他单位有烛光、支光。1cd 即 1000mcd，是指单色光源（频率 540×10^{12}Hz）的光，在给定方向上（该方向上的辐射强度为（1/683）瓦特/球面度））的单位立体角发出的光通量，可以用基尔霍夫积分定理计算。

从光的本性看，把光看成电磁波场，光场中某点的光强指的是通过该点的平均能流密度。

球面度是一个立体角，其定点位于球心，而在球面上所截取的面积等于以球的半径为边长的正方形面积。光源辐射是均匀时，则光强为 $I=F/\Omega$，Ω 为立体角，单位为球面度（sr），F 为光通量，单位是流明，对于点光源 $I=F/(4\pi)$。

发光强度是针对点光源而言，或者发光体的大小与照射距离相比，较小的场合。这个量是表明发光体在空间发射的汇聚能力。可以说，发光强度就是描述了光源到底有多亮。1000mcd=1cd。

发光体在给定方向上的发光强度是该发光体在该方向的立体角元 $d\Omega$ 内传输的光通量 d_{Φ} 除以该立体角元所得之商，即单位立体角的光通量，其公式为：

$$I=\frac{d\Phi}{d\Omega}$$

该物理量的符号为 I，单位为坎德拉（cd），1cd=1lm/sr。

3. 照度

照度是物体被照明的程度，也是物体表面所得到的光通量与被照面积之比，单位是勒克斯 lx（1 勒克斯是 1 流明的光通量均匀照射在 1 平方米面积上所产生的照度）或英尺烛光 fc（1 英尺烛光是 1 流明的光通量均匀照射在 1 平方英尺面积上所产生的照度），1fc=10.76lx。

夏季在阳光直接照射下，光照强度可达 6 万～10 万 lx，没有太阳的室外光照强度可达 0.1 万～1 万 lx，夏天明朗的室内光照强度可达 100～550lx，夜间满月下光照强度可达 0.2lx。

白炽灯每瓦大约可发出 12.56lx 的光，但数值随灯泡大小而异，小灯泡能发出较多的流明，大灯泡较少。荧光灯的发光效率是白炽灯的 3～4 倍，寿命是白炽灯的 9 倍，但价格较高。一个不加灯罩的白炽灯泡所发出的光线中，约有 30%的流明被墙壁、顶棚、设备等吸收；灯泡的质量差又要减少许多流明，所以大约只有 50%的流明可利用。一般在有灯罩、灯高度为 2.0～2.4m（灯泡距离为高度的 1.5 倍）时，每 0.37m^2 面积需要 1W 灯泡，

或 $1m^2$ 面积需要 2.7W 灯泡可提供 10.76lx。灯泡安装的高度及有无灯罩对光照强度影响很大。

4. 亮度

亮度是指发光体（反光体）表面发光（反光）强弱的物理量。人眼从一个方向观察光源，在这个方向上的光强与人眼所“见到”的光源面积之比，定义为该光源单位的亮度，即单位投影面积上的发光强度。亮度的单位是坎德拉/平方米（cd/m^2），它是一个主观的量。与光照度不同，由物理定义的客观的相应的量是光强。这两个量在一般的日常用语中往往被混淆。人眼所感受到的亮度是色彩反射或透射的光亮所决定的。

光源的明亮程度与发光体表面积有关系，同样的光强，发光面积大，则暗，反之则亮。亮度与发光面的方向也有关系，同一发光面在不同的方向上其亮度值也是不同的，通常是按垂直于视线的方向进行计量的。如在常用照明中，如果要降低被照物的亮度，尤其是人物脸部，正常的做法是把灯的距离拉远一些，或者在灯前加上柔光纸，以减轻光线的强度。

5. 现行施工场界标准的评价量指标

目前我国绿色施工对场界光污染没有明确的评价量指标，仅要求施工期间没收到附近居民投诉即可。

第三节　施工全过程光污染特点

1. 施工全过程光污染源分析

1）**夜间施工照明**

施工中光污染的主要来源是夜间施工照明，工地上常用一组或几组大功率照明设备为整个工地提供总体的照明，同时对一些局部作业点提供局部照明。这些照明灯具主要是泛光灯，而且灯具的安装没有经过合理的照度需求设计和安装高度、角度等的设计，常常产生溢散光，这些溢散光不仅会对周围环境造成光污染，同时也造成了能源的浪费。

2）**电焊等人工作业**

工人在进行电焊等作业时会产生亮度极高的电火花，当作业点处于工地围挡的遮挡范围之外。例如，作业点高度较高时，可能对行人或车辆造成眩光污染，同时电焊也会对工地的其他工人造成眩光污染。

2. 施工全过程光污染类型

本书的研究对象是施工场地边界内室外人工照明环境中对居民及自然环境产生不利影

响的光环境。它的三个组成部分分别是眩光、溢散光、侵害光。这三类光环境在居住区夜间照明环境中都有出现。

（1）眩光环境，是由于环境中亮度的极端对比，形成的让人感觉不舒服的光环境。如在居住区道路环境中，由于居住区照明环境整体光线很暗，而道路照明光源非常亮，且又在行走过程中的视野中不断出现，这样会产生不舒适眩光的感觉。这样的光环境属于本课题研究范围。

（2）溢散光环境，是由于过多的光线照射到天空形成的。在居住区的景观照明中，很多草坪灯或将住区内绿化树木照亮的投光灯由于没有采用良好的遮光处理，使得多余的光线照射到了天空。在很多时候，我们并没有留意此类光环境，也许是由于我们没有注意到，也许是由于这样的环境没有对我们产生影响。但是，看不到、感觉不到并不代表它就不存在。我们认为即使微乎其微的一线光线，也会对城市的生态平衡、候鸟迁徙、昆虫活动造成严重的威胁。因此，本书将溢散光环境也列入了研究对象。具体施工场地照明中的光污染产生的光溢散的程度有多少，将在书中予以讨论。

（3）侵害光是目前居住区研究中关注最多的一类光环境，主要是人们在夜间感受到的进入居民室内影响正常休息睡眠的城市灯光。由于我国居住区多由城市道路分割，并且多层、高层住宅楼是我国城市居住建筑中的主要形式，因此与欧美国家中的大部分别墅型居住区不同，我国城市中一旦有住宅周边存在侵害光，则受到光侵害的住户将不会只有一家，很可能是数十家，甚至数百家。在这种情况下，评定光侵害环境的具体影响程度变得十分重要。因此，本文中将施工场地照明产生的光污染对周围对象可能产生的光侵害也列入了研究对象之中。

3. 施工全过程光污染危害

（1）对附近居民的影响

当施工场地内照明设备的出射光线直接侵入附近居民的窗户时，就很可能对居民的正常生活产生负面影响。这些影响包括：

① 照明设备产生的入射光线使居民的睡眠受到影响。

② 工地现场照明可能存在的频闪灯光使房屋内的居民感到烦躁，难以进行正常的活动。

（2）对附近行人的影响

当施工照明设备安装不合理时，会对附近的行人产生眩光，导致降低或完全丧失正常的视觉功能。这一方面影响到行人对周围环境的认知，同时增加了发生犯罪或交通事故的危险性。具体的危害表现在：

① 安装不合理的施工照明灯具，其本身产生的眩光使行人感到不舒适，甚至降低视觉功能。

② 当灯具本身的亮度或灯具照射路面等处产生的高亮度反射面出现在行人的视野范

围内时，因为出现很大的亮度对比，行人将无法看清周围较暗的地方，使之成为犯罪分子的藏身之处，不利于行人及时发现并制止犯罪。

（3）对交通系统的影响

各种交通线路上的照明设备或附近的辅助照明设备发出的光线都会对车辆的驾驶者产生影响，降低交通的安全性。主要表现在：

① 灯具或亮度对比很大的表面产生眩光，影响到驾驶者的视觉功能，使驾驶者应对突发事件的反应时间增加，从而更容易发生交通事故。

② 出现在驾驶者视野内的高亮度反射面使各种交通信号的可见度降低，增加了交通事故发生的可能性。

4. 施工全过程光污染特点

（1）主动侵害

处于环境中的光污染往往是不可回避的。道路照明的眩光对司机安全威胁很大，但司机们很难确定它在何时出现。对于白天的视觉污染，人们可以采用“不看”的办法躲避。但对于光污染，由于夜间的视觉元素对比强烈，人们即使有主观的愿望，仍然是无法躲避的。

（2）难以感知

光是一种辐射。除了高强度的辐射（比如强光）人们能够下意识地做出反应外，大部分紫外线辐射、红外线辐射都是难以感知的。即使是可见光，其危害结果具有长期积累性，大多是损伤发生后，才意识到。随着科学技术的发展，研究者发现过去许多莫名其妙的心烦、头晕以及一些皮肤疾病，其实都是照明光污染的直接结果。

因此，对于光污染的感知也是随着人们对它的认识而逐渐加深的。

（3）损害积累

光污染的影响往往是微量的，短期内对人不会造成太大伤害。但这种危害尤其是生物的损害是具有累积性的，经过较长时间就能显现出来。在有频闪效应的光环境下学习、工作或活动，产生的视觉疲劳，可以在短时间内恢复，但长期处于此环境中，则会导致人的视力下降，乃至影响人的情绪。少量紫外射线辐射对人体有益，超过一定的量，就有害而无益。随着这种伤害缓慢的积累，一旦对人体造成明显伤害，就无法修复。受光干扰的人或动植物，久而久之会导致生物钟的改变，引起昆虫、鱼类的生育不良，落叶期延迟，树木干枯等后果。由于损害的积累性，降低了人们对光污染的警惕。

（4）危害严重

光污染实际是无效光能辐射，这会造成电能的巨大浪费，也实质加重了对环境的破坏。对人而言，紫外辐射、红外辐射、频闪、过强光对人眼的伤害往往是不可修复的，甚至还会造成令人致命的癌变。光污染也是造成交通事故的主要诱因，它不仅会导致巨大经济损失，还会造成人员伤亡。另外，光污染还可能诱发生态危机。因此，无论从社会角度还是从人文角度，光污染问题的破坏性都不可小视。

（5）非长期性

光污染和大气污染、土地污染、水污染不同，只要关闭了照明设备，光污染就会停止。对光污染的防治其实是如何减少无效光和有害光。只要做好有针对性地预防准备，如在规划设计时就考虑可能会产生的光污染，将光污染消灭在源头，它的治理就会显得相对容易。

第四节　施工全过程光污染控制指标

1. 控制指标的影响因素

（1）灯具的亮度

使用大功率的泛光灯作为施工工地的主要照明方式，且安装高度过高，影响范围较广，成为施工照明方面最普遍的问题。通常使用几组大功率照明设备为整个工地提供总体的照明，不仅浪费能源，也会产生溢散光。

（2）灯具的安装

为了减少城市夜空亮度。国际照明委员会（CIE）规定室外灯具的上射光通量不能大于总输出光通量的25%。例如，出于安全和防护目的设置道路照明，以保障城市交通的安全，但是大量高压钠灯在水平方向上产生相当大的光量，造成的泄漏光是现阶段夜间天空发亮的主要原因。因此，为了防止过多的上射光线，灯具的遮光角设计极为重要，它是影响对天空光污染的一个重要因素。

（3）人工作业

同本章第三节1.2）的内容。

2. 施工全过程光污染控制指标

1）城市环境亮度区域的划分

根据城市区位的功能性质，将其按照环境亮度进行划分，对应环境亮度的区域划分见表4-4-1。

城市环境亮度的区域划分　　**表4-4-1**

环境亮度类型	无照明区域	低亮度区域	中等亮度区域	高亮度区域
区域代号	E1	E2	E3	E4
对应的区域	森林公园、天文台周边、自然保护区	居住区、医院等	一般公共区	城市中心区、商业区

2）施工光污染控制指标

（1）居住区干扰光的评价

居住建筑窗户表面垂直照度应符合表 4-4-2 规定。

居住建筑窗户表面垂直照度的限值（lx）　　**表 4-4-2**

时段	环境区域			
	E1	E2	E3	E4
熄灯时段前	≤2	≤5	≤10	≤25
熄灯时段	≤0	≤1	≤2	≤5
如果是道路照明灯具，此值可提高至 1lx				

（2）夜空光污染的评价指标

照明灯具上射光通比的限值应满足表 4-4-3 的规定。

照明灯具上射光通比的限值　　**表 4-4-3**

环境区域	E1	E2	E3	E4
上射光通比(%)	0	≤5	≤15	≤25

第五章

有害气体污染

第一节　已有指标标准和依据

1. 国外

1）国外研究现状

发达国家市民的环境保护意识较强，但有害气体中毒事件也时有发生。在20世纪30～70年代，一些工业发达的国家相继发生了严重的公害事件，因危害大而震惊世界的八大公害事件都是由化学污染物引起的。有SO_x（SO_2和SO_3）、NO_x（包括NO和NO_2）、HG（有机烃类）、氯化物等引起的化学烟雾事件，汞污染引起的神经性疾病，镉污染引起的骨痛病，多氯联苯类化合物引起的肝中毒等。其中四起发生在当时处于工业发展进程中的日本。2005年法国曾发生过一起污水管道维护人员井下作业硫化氢中毒事件，一名22岁的维护工人未穿防护服进入井下作业，吸入大量硫化氢后发生昏迷并被迅速送到重症监护室，入院后在一天之内经抢救无效死亡，尸检报告显示为硫化氢所致的大面积心肌坏死。2009年秘鲁发生污水管道检测时2名工人中毒事件。

美国学者Daniel A. Lashof等对CO_2和CH_4气体的排放对大气温室效应的影响进行了研究，得出CH_4气体对温室效应的影响比CO_2气体对温室效应的影响明显。其他学者研究表明：每千克CH_4的升温能力约是CO_2的23～62倍。

Lacis等对CH_4、CO_2等多种混合有害气体的排放与单独CO_2气体的排放对大气环境的影响做了相关研究，研究表明混合有害气体的排放对气候环境的升温作用较大。

Thompson针对混合有害气体的耦合作用对大气环境的影响做了相关研究，得出看似对温室效应无直接影响的气体，如果与其他有害气体形成耦合效应就会对大气环境有危害，为从有害气体耦合效应的角度提出控制措施做了依据。

Tomita Shinji、Moue Masahiro等进行了掘进工作面瓦斯涌出的相似模拟试验，探讨了瓦斯浓度的分布，并认为风管出风口的位置对风流流场具有较大影响。

中山伸介、内野健一等对三维条件下掘进巷道风流的风速进行试验室测定，得出了掘进巷道内的风流分布。

美国的 Levy 和 Sandzimier 利用 CFD 方法进行了数值模拟，对隧道排风量和烟气效果关系进行了研究。

英国的 K. W. Moloney、LS. Lowndes 等人对井下独头巷道模型采用辅助通风方式时的风流流场进行了研究，并与南非学者 Johan van Heerden 采用数值方法得出的结论做比较分析，得到了一致的结论。

2）国外标准现状

（1）欧盟 2004/42/EC 指令

该指令旨在限制因油漆、清漆和汽车表面整修产品中使用的有机溶剂而导致的 VOC 排放。油漆、清漆和汽车表面整修产品中的 VOC 含量，会显著提高 VOC 的空气排放量，促进当地和境外在对流层边缘光化学氧化剂的形成。在指令中给出了油漆和清漆中 VOC 的最高限值，如表 5-1-1 所示。

油漆和清漆中 VOC 的最高限值　　表 5-1-1

序号	产品类型	水性(g/L)	溶剂型(g/L)
1	室内亚光墙壁及顶棚涂料(光泽度＜25@60°)	30	30
2	室内光亮墙壁及顶棚涂料(光泽度＞25@60°)	100	100
3	室外矿物基质墙壁涂料	40	430
4	室内外木质和金属件用装饰性和保护性漆	130	300
5	室内外装饰性清漆和木材着色剂(包括不透明的木材着色剂)	130	400
6	室内外最小构造的木材着色剂	130	700
7	底漆	30	350
8	粘合性底漆	30	750
9	单组分功能涂料	140	500
10	双组分反应的功能涂料(如地坪专用面漆)	140	500
11	多色涂料	100	100
12	装饰性效果涂料	200	200

同时本指令给出了不同参数的测试方法，如表 5-1-2 所示。

测试方法　　表 5-1-2

参数	单位	测试方法及发布时间
VOC 含量	g/L	ISO 11890-2(2002)
反应性稀释剂中 VOC 含量	g/L	ASTMD 2369(2003)

（2）加拿大建筑涂料挥发性有机化合物（VOC）浓度限量法规

2008年5月7日，加拿大公布建筑涂料挥发性有机化合物（VOC）浓度限量法规提案。依照《加拿大环境保护法案1999》（CEPA 1999）第93（1）分项提出，建筑涂料挥发性有机化合物（VOC）浓度限量法规提案（法规提案）的目的是：通过规定在本法规提案目录第1（2）分项的表中确定的49种建筑涂料挥发性有机化合物限量，保护环境和加拿大人的健康。

除了在法规提案中确定的例外，拟议的法规将适用于制造、进口、提供销售或在加拿大销售的普通建筑物、高性能工业维修和交通标志涂料（涂料、着色剂、油漆等）。

制定拟议的挥发性有机化合物浓度限量是为了与臭氧输送委员会（OTC）成员美国的要求保持一致，为提高透明度而采用，照顾到加拿大市场和环境的独特性，并且确保实际有效的、达到最大限度的减少挥发性有机化合物的排放物。拟议的法规将禁止制造、销售或进口挥发性有机化合物浓度超过目录第2栏中规定的种类特定限量的建筑涂料。为了确保多用途的涂料达到挥发性有机化合物最低浓度允许限量，最高限量的规定包括在拟议的法规第7部分中。

该法规提案同样还包括了定义测定挥发性有机化合物浓度的方法和其他测试方法、标签要求和保存记录的规定。为了促进该法规提案的实施和执行，将这些规定包括在内。

2. 国内

1）国内研究现状

2004年，肖敬斌借助MATLAB软件建立大气扩散模式的模拟软件包，对各种点源模式进行比较。考虑地面的部分反射、污染物的成分，污染物间的化学反应以及其空气湿度的影响，提出了源衰减斜烟羽模式。该软件计算速度快，结果精度高，尤其在繁琐数据的处理上，成功地实现了实时计算，不但提高了大气污染环境评价的效率，而且也提高了其精确性，可通过调用软件包的函数得出预测位置的有害气体污染物浓度，并且可以形象地绘制预测点气体污染物分布图以及下风向有害气体的扩散趋势图。

2006年，徐智、梅全亭等人对军队营房中有害气体污染预测进行了研究。他们认为营房内的有害气体是一个灰色系统，即是一种“部分信息已知，部分信息未知”的“小样本”、“贫信息”的不确定性系统。作者采用了灰色预测方法对营房内的有害气体污染程度进行预测，利用反三角函数变换，在GM（1，1）模型的基础上进行了改进，以前10个数据为基准数据，再以后2个数据（每月一次测量，进行12个月）为参考数据，较为准确地预测了营房中有害气体浓度发展的趋势。

2006年，谢海涛分析了填埋场内气体迁移运动的规律，建立了场内填埋气体迁移的数学模型，利用PHOENICS软件对数学模型进行离散求解，并对各种抽气状态下的模拟结果进行了分析讨论和验证。针对具体填埋场建立了三维模型，确定合适的参数，布置主动气体控制系统并通过模拟预测，比较了横管和竖井两种填埋气体收集控制方式的抽气特性和效果。利用基于CFD数值模拟计算结果对竖井系统进行优化设计分析，对填埋场有害气体处理提出了建议。

2007年，王繁强等人以CALPUFF的应用开发为核心，根据网络环境实时预报的特点，建立了一个具有自动数据处理、操作简便、比较实用的区域大气质量评价数值模式系统平台。有效地整合了国内外科技资源，为开展复杂地形下区域大气质量评价分析提供了必要的技术支撑。初步实现了大气环境评价的数值模拟分析。

2007年，隋祥在大气扩散模式及算法的分析基础上应用Visual Basic 2005 Express Edition为开发工具构建了一套大气环评模拟软件。该软件带有针对大气环境影响预测计算需求而设计的数字高程模型系统，可以通过地形图的等高线或离散的高程数据点构建不规则三角网（TIN），从而获得任意点处的高程信息。高程数据始终参与到对有效源高等参数的修正过程中，从而消除了地形引起的误差，提高了计算精度。软件可以用增强型图元文件（EMF）的格式输出矢量图，与Office软件兼容。绘图引擎可以按照浓度值使用不同的透明度或颜色对等值线进行填充，也可以根据浓度使用连续的透明色输出烟羽扩散模拟图。预测结果可以在地图及遥感影像上叠加，结果形象直观。同时系统带有简单的报告书编辑器，输出的结果还可直接发送到Word进一步编辑。软件集成了以VSA引擎为基础的自动化系统，具有开放性和可扩展性。通过VSA脚本，用户可以调用大气环境预测系统的参数变量、计算函数、绘图函数和报表输出函数，可自由定制大气预测运算流程和结果呈现方式，为批量计算、数据对比分析、模型调整调试等高级应用提供了可能性。通过大气环评助手（EIAA）和点源标准验算程序（SrcP）对系统进行验证，得出系统的整体准确可靠性。

2007年，马辉等利用Visual C＋＋.NET开发出的系统软件AirEIA，以《环境影响评价技术导则（HJ/T2. 1.2.3）1990》为依据，运用到改进后的大气扩散模式。系统包括4个模块：气象参数的确定及数据预处理、模型预测、图形绘制和工具。具有快速进行原始监测数据的处理、有害气体扩散范围的预测以及图形制作等功能，并将其进行了实际运用。

2007年，尹国勋结合VB程序编制了针对大气扩散模式浓度计算的应用程序，使大气扩散模式浓度计算能够借助计算机快速、准确地完成，以提高环境评价的效率和质量。该软件主要有5个功能模块：数据输入模块、数据计算模块、数据输出模块、中间参数数据模块、逻辑模块。结合已完成的环境影响评价工作中的实例验证对该系统进行了验证，结果表明系统相对偏差最大值为－1.033％、最小值为－0.8177％，计算精度可达到小数点后14位。

2008年，韦桂欢对密闭的船舱内因船用材料释放的有害气体进行了检测和释放规律研究。以环氧涂料、醇酸涂料等船用涂料作为研究对象，建立了100L不锈钢密闭舱在

50℃的密闭环境条件下平衡72h，对船用涂料中有害气体进行加速释放试验。同时利用气相色谱—光离子检测器等试验室检测方法，测定了涂料释放的挥发性有机物，探讨建立了苯、甲苯、乙苯、二甲苯、丁酮、戊醛等外标法定量的线性相关性、精密度及准确度。完成对船用涂料释放的有害气体进行定性、定量检测，在4种涂料释放气体中，定性检测到醛类、醇类、酮类、酯类、烷烃类、有机酸类、芳烃等超过50种的有害气体组分，讨论了涂料释放的气体组分的毒性。同时建立了涂料释放挥发性有机物的耐中释放模型，经曲线拟合表明，第二种释放模型拟合值与实验值没有显著性差异，模型相关系数良好。

2011年，王文思等分析了我国石油行业上游行业气体能耗高、减排难的原因，采用层次分析法（AHP）对石油行业产生的CO_2等温室气体的危害控制措施进行了研究，提出用去碳的方法或者有害气体回收利用等方法，减少温室气体的排放。

2012年，方德琼以重庆市为典型城市对山地城市污染水中有害气体进行了检测及分布规律研究，归纳了主城区污水管道中常见有害气体种类，并将不同区域内有害气体的浓度进行了比较，总结了有害气体浓度变化规律。从有害气体的产生机理分析城市污水管道爆炸及井下工作人员中毒等安全事故的原因，以及影响这些有害气体产生的因素，为重庆市城市污水管道的安全运行提供理论指导。建立城市污水管道气体监测指标体系，对重庆市主城区城市污水管道中的气体进行检测，以江北区和沙坪坝区的污水管道为研究对象，重点对居民区、商业区和公厕的污水管道有害气体进行现场检测与试验室分析，对气体成分、分布及浓度变化规律进行研究，为后续的安全监控、安全风险评估模型和预警系统构建提供科学依据。

2013年，李金桃对污泥堆肥发酵车间产生的有害气体的危害控制措施进行了研究。基于CFD理论对排风方案进行数值建模，通过改变各个影响因素的数值，对不同工况下的单、双侧吹吸式排风系统控制污染气体的效果进行数值模拟，通过对模拟结果的分析优化吹吸式排风系统设计方案，并提出采用局部排风的方式来控制污染源。

2013年，李小冬等基于生命周期评价理论对建筑室内装修健康损害进行了评价，对于建筑室内装修过程产生的有害物质进行清单分析、归宿分析、效应分析，将其对人体造成的潜在健康损害统一折算为伤残调整生命年指标，再依据居民单位伤残调整生命年指标的社会支付意愿值将其转化为社会支付意愿的经济指标，提出了建筑室内装修工程健康损害评价的模型和方法。通过货币化评价方法的整合，可将其与已建立的建筑工程环境影响评价体系和建筑工程绿色施工环境影响评价体系相结合，实现包括生态破坏、资源消耗和健康损害在内的、针对建筑工程环境影响的全面和系统性评价，优化调整设计和施工方案，推动绿色建筑技术的应用和HSE（health，safety and environment）管理体系的落实。

2014年，汤烨基于协同效应对某火电厂产生的SO_2、NO_x、CO_2大气污染物，分4种不同的减排方案进行量化减排效果研究，其研究结果为从多气体耦合效应方面，提出有害气体的危害控制措施提供依据。

2014年，于宗艳、韩连涛根据《环境空气质量标准》GB 3095—2012，并参考《环境空气指数（AQI）技术规定（试行）》HJ 633—2012，设计了一种基于免疫粒子群优化算法的环境空气质量综合评价方法。该方法采用免疫粒子群算法，对大气污染损害公式的参数进行了优化，得到适用于O_3、$PM_{2.5}$等6种大气污染物且更强普适性的环境空气质量评价的污染损害指数公式及环境空气质量评价模型。采用该方法对东北某城市的大气质量进行了评价，与其他方法进行比较表明，免疫粒子群优化算法全局优化性能好，收敛速度快，评价方法物理意义明确，具有较好的通用性。同时，由于模型中包含了近年来浓度急剧增加的$PM_{2.5}$及O_3两种污染物对空气质量的影响，评价结果更接近实际。

2016年，桑长波对煤田火区的有害气体污染进行了评估及预测研究，以大气扩散模式相关知识为基础，建立煤田火区有害气体排放强度的数学模型，对火区释放的典型有害气体以及环境参数进行现场原位监测，测算出煤田火区有害气体排放量及其环境影响因素之间的关系。根据煤田火区地形地貌以及大气影响确定方案进行有害气体污染布点监测，在对大气污染质量评价方法研究的基础上，采用改进后适用于煤田火区有害气体污染评价的灰色聚类法对监测数据进行污染程度评价分析，进而确定煤田火区有害气体污染程度。最后，在现场监测分析基础上针对典型有害气体扩散的独特性对其扩散的影响因素进行分析，通过对气体扩散模型的简化以及参数修正，结合模拟软件EIAProA利用测算出的排放强度及当时气象条件对煤田火区典型有害气体进行扩散趋势预测，将其预测结果与已监测数据进行对比验证分析，证明模拟结果与实测结果有较好的一致性。

2）国内标准现状

《建筑工程绿色施工评价标准》GB/T 50640—2010有害气体相关规定见表5-1-3，该标准适用于建筑工程绿色施工的评价：

《建筑工程绿色施工评价标准》GB/T 50640—2010有害气体相关规定　　表5-1-3

规范节号	具体内容
5.2.2	人员健康应符合下列规定： 1. 施工作业区和生活办公区应分开布置，生活设施应远离有毒、有害物质； 4. 从事有毒、有害、有刺激性气味和强光、强噪声施工的人员应佩戴与其相应的防护器具； 5. 深井、密闭环境、防水和室内装修施工应有自然通风或临时通风设施； 6. 现场危险设备、地段、有毒物品存放地应配置醒目安全标志，施工应采取有效防毒、防污、防尘、防潮、通风等措施，应加强人员健康管理； 7. 厕所、卫生设施、排水沟及阴暗潮湿地带应定期消毒
5.2.4	1. 进出场车辆及机械设备废气排放应符合国家年检要求； 2. 不应使用煤作为现场生活的燃料； 3. 电焊烟气的排放应符合现行国家标准《大气污染物综合排放标准》GB 16297—1996的规定； 4. 不应在现场燃烧木质下脚料

从表 5-1-3 中的规定我们可以看出，该标准主要针对施工过程中可能存在的有毒、有害气体施工区做了防护规定，对施工人员的保护措施以及对现场的燃烧处理做了限定。

《建筑工程绿色施工规范》GB/T 50905—2014 中有害气体相关规定见表 5-1-4，该规范适用于新建、扩建、改建及拆除等建筑工程的绿色施工。

《建筑工程绿色施工规范》GB/T 50905—2014 中有害气体相关规定　　表 5-1-4

<table>
<tr><th>规范节号</th><th colspan="3">具体内容</th></tr>
<tr><td>3.3.1</td><td colspan="3">施工现场扬尘控制应符合下列规定：
5. 施工现场使用的热水锅炉等宜使用清洁燃料。不得在施工现场融化沥青或焚烧油毡、油漆以及其他产生有毒、有害烟尘和恶臭气体的物质</td></tr>
<tr><td>8.1.8</td><td colspan="3">室内装饰装修材料按现行国家标准《民用建筑工程室内外环境污染控制规范》GB 50325—2010 的要求进行甲醛、氨、挥发性有机化合物和放射性等有害指标的检测</td></tr>
<tr><td rowspan="7">8.1.9</td><td colspan="3">民用建筑工程验收时，必须进行室内环境污染物浓度检测。其限量应符合表 8.1.9 的规定。
表 8.1.9　民用建筑工程室内环境污染物浓度限量</td></tr>
<tr><td>污染物</td><td>Ⅰ类民用建筑工程</td><td>Ⅱ类民用建筑工程</td></tr>
<tr><td>氡(Bq/m³)</td><td>≤200</td><td>≤400</td></tr>
<tr><td>甲醛(mg/m³)</td><td>≤0.08</td><td>≤0.1</td></tr>
<tr><td>苯(mg/m³)</td><td>≤0.09</td><td>≤0.09</td></tr>
<tr><td>氨(mg/m³)</td><td>≤0.2</td><td>≤0.2</td></tr>
<tr><td>TVOC(mg/m³)</td><td>≤0.5</td><td>≤0.6</td></tr>
</table>

从表 5-1-4 中我们可以看出，该规范中对有害气体的限定主要在物料燃烧方面，要求室内装修材料的监测要符合相关国家标准，并对民用建筑室内污染物浓度给出了限值，以规范建筑工程绿色施工，做到节约资源、保护环境以及保障施工人员的安全与健康。

《建筑用墙面涂料中有害物质限量》GB 18582—2020 也讲述了有害气体的相关要求，该标准适用于各类室内装饰装修用水性墙面涂料和水性墙面腻子。

《环境空气质量标准》GB 3095—2012 中有害气体相关规定如表 5-1-5 所示，该标准适应于建筑工程绿色施工的评价。

《环境空气质量标准》GB 3095—2012 有害气体相关规定　　表 5-1-5

规范节号	具体内容
4.1	环境空气功能区分类： 环境空气功能区分为二类：一类区为自然保护区、风景名胜区和其他需要特殊保护的区域；二类区为居住区、商业交通居民混合区、文化区、工业区和农村地区

续表

规范节号	具体内容					
4.2	环境空气功能区质量要求： 一类区使用一级浓度限值，二类区使用二级浓度限值。一、二类环境空气功能区质量要求见下表					
	序号	污染物项目	平均时间	浓度限值		单位
				一级	二级	
	1	二氧化硫 (SO_2)	年平均	20	60	$\mu g/m^3$
			24h 平均	50	150	
			1h 平均	150	500	
	2	二氧化氮 (NO_2)	年平均	40	40	
			24h 平均	80	80	
			1h 平均	200	200	
	3	一氧化碳 (CO)	24h 平均	4	4	mg/m^3
			1h 平均	10	10	
	4	臭氧 (O_3)	日最大 8h 平均	100	160	$\mu g/m^3$
			1h 平均	160	200	
	5	氮氧化物 (NO_x)	年平均	50	50	
			24h 平均	100	100	
			1h 平均	250	250	
	6	苯并芘 (BaP)	年平均	0.001	0.001	
			24h 平均	0.0025	0.0025	

从表 5-1-5 中我们可以看出，该标准中对有害气体进行了环境空气功能区分类，对每一类区的污染物浓度设定了限值，为该地区污染物整治给出了参考。

《室内空气质量标准》GB/T 18883—2002 中有害气体相关规定如表 5-1-6 所示，该标准适用于住宅和办公建筑，其他室内环境可参照此标准。

《室内空气质量标准》GB/T 18883—2002 中有害气体相关规定　　表 5-1-6

规范节号	具体内容					
4.1	室内空气应无毒、无害、无异常嗅味					
4.2	室内空气质量标准见下表：					
	序号	参数类别	参数	单位	标准值	备注
	1	化学性	二氧化硫(SO_2)	mg/m^3	0.50	1h 平均值
	2		二氧化氮(NO_2)	mg/m^3	0.24	1h 平均值
	3		一氧化碳(CO)	mg/m^3	10	1h 平均值
	4		二氧化碳(CO_2)	%	0.10	日平均值

续表

规范节号	具体内容					
	序号	参数类别	参数	单位	标准值	备注
4.2	5	化学性	氨(NH_3)	mg/m^3	0.20	1h 平均值
	6		臭氧(O_3)	mg/m^3	0.16	1h 平均值
	7		甲醛(HCHO)	mg/m^3	0.10	1h 平均值
	8		苯(C_6H_6)	mg/m^3	0.11	1h 平均值
	9		甲苯(C_7H_8)	mg/m^3	0.20	1h 平均值
	10		二甲苯(C_8H_{10})	mg/m^3	0.20	1h 平均值
	11		总挥发性有机物(TVOC)	mg/m^3	0.60	1h 平均值

从表 5-1-6 中我们可以看出，该标准中对有害气体部分的规定主要给出了室内空气中有毒、有害气体的 1h 平均值或日平均值的限值，以此来保护人体健康，预防和控制室内污染。

第二节　关于有害气体的评价量指标

有害气体监测的核心目标是反应施工期间有害气体的时空分布规律，并为有害气体排放定量评价和控制提出量化指标。施工过程中有害气体评价量指标主要有以下几种：

1. 有害气体浓度

有害气体浓度是评价空气质量的一个非常重要的指标，同时也是其他评价指标的基础数据，且现行规范中对于有害气体的控制均在其浓度上进行。在施工过程中有害气体主要评估一氧化碳（CO）、二氧化硫（SO_2）、二氧化氮（NO_2）、挥发性有机物（VOC）。

2. 空气污染指数

空气污染指数是一种评价空气质量好坏的量化指标，它是在美国污染物标准指数评价法的基础上加以简化，将常规监测的几种空气污染物浓度简化成为单一的污染指数形式，并分级表征空气污染程度和空气质量状况，适合于表示城市的短期空气质量状况和变化趋势。污染指数越大，污染越重，污染最重的污染物为首要污染物，首要污染物的污染指数即为 API。中国计入空气污染指数的项目暂定为：二氧化硫、氮氧化物和总悬浮颗粒物。空气污染指数关注的是吸入受到污染的空气以后几小时或几天内人体健康可能受到的影响。空气污染指数划分为 0～50、51～100、101～150、151～200、201～300 和大于 300 等，对应空气质量的 6 个级别，指数越大，级别越高，说明污染越严重，对人体健康的影响也越明显。

空气污染指数为0～50，空气质量级别为Ⅰ级，空气质量状况属于优。此时不存在空气污染，对公众的健康没有任何危害。

空气污染指数为51～100，空气质量级别为Ⅱ级，空气质量状况属于良。此时空气质量被认为是可以接受的，除极少数对某种污染物特别敏感的人，对公众健康没有危害。

空气污染指数为101～150，空气质量级别为Ⅲ(1)级，空气质量状况属于轻微污染。此时，对污染物比较敏感的人群，例如儿童和老年人、呼吸道疾病或心脏病患者，以及喜爱户外活动的人，他们的健康状况会受到影响，但对健康人群基本没有影响。

空气污染指数为151～200，空气质量级别为Ⅲ(2)级，空气质量状况属于轻度污染。此时，几乎每个人的健康都会受到影响，对敏感人群的不利影响尤为明显。

空气污染指数为201～300，空气质量级别为Ⅳ级，空气质量状况属于中度重污染。此时，每个人的健康都会受到比较严重的影响。

空气污染指数大于300，空气质量级别为Ⅴ级，空气质量状况属于重度污染。此时，所有人的健康都会受到严重影响。

空气污染指数 API 的计算公式如下：

当某种污染物浓度 $C_{i,j} \leqslant C_i \leqslant C_{i,j+1}$ 时，其污染分指数为：

$$I_i = \frac{(C_i - C_{i,j})(I_{i,j+1} - I_{i,j})}{C_{i,j+1} - C_{i,j}} + I_{i,j}$$

式中：I_i——第 i 种污染物的污染分指数；

C_i——第 i 种污染物的浓度值；

$I_{i,j}$——第 i 种污染物 j 转折点的污染物分项指数值；

$C_{i,j}$——第 j 转折点上 i 种污染物（对应于 $I_{i,j}$）浓度值；

$C_{i,j+1}$——第 $j+1$ 转折点上 i 种污染物（对应于 $I_{i,j+1}$）浓度值。

各种污染参数的污染分指数计算出以后，取最大值为该区域或城市的空气污染指数 API：

$$API = \max(I_1, I_2, \cdots\cdots, I_i, \cdots\cdots I_n)$$

3. 橡树岭空气质量指数

橡树岭空气质量指数（*ORAQI*）是1971年美国原子能委员会橡树岭实验室提出的指数。污染物包括 SO_2、NO_2、CO、TSP 和氧化剂的质量浓度5个空气质量参数。设 C_i 代表任一项实测污染物的日平均浓度，S_i 代表该污染物的相应标准值，*ORAQI* 可按下式计算：

$$ORAQI = \left(a \sum_{i=1}^{n} \frac{C_i}{S_i}\right)^b$$

式中：a、b—常系数。

实际评价中按 *ORAQI* 值的大小，将空气质量分为6级。*ORAQI* 值小于20时为优，

20～39为好，40～59为尚可，60～79为差，80～99为坏，大于或等于100为危险。

采用*ORAQI*评价大气环境污染状况主要考虑了人类活动造成大气污染，先需要确定当地的环境背景值和评价标准，以消除或降低大气环境背景值和标准对评价城市地区空气污染状况的影响。用*ORAQI*进行空气质量评价，首先需要计算出适用于研究地区的常系数a、b。而系数a、b的确定方法为：当各种污染物浓度等于该地区背景浓度C'时，$ORAQI=10$；当各种污染物浓度均达到相应的标准C''时，$ORAQI=100$；因此，系数a、b由以下方程组确定：

$$\begin{cases} \left(a\sum_{i=1}^{n}\frac{C'_i}{S_i}\right)^b=10 \\ \left(a\sum_{i=1}^{n}\frac{C''_i}{S_i}\right)^b=100 \end{cases}$$

此指数适用于评价一个城市或地区空气质量的年变化，也可用于各城市空气质量的比较。其参数较多，实用性强。分指数呈线性，总指数呈非线性。

4. 空气污染指标

1976年9月美国国家环境保护局公布空气污染指标*PSI*，供各州、市应用。用SO_2、NO_2、CO、TSP和O_3的质量浓度这5个参数，以及SO_2和TSP质量浓度的乘积参与计算。各污染物的分指数与质量浓度的关系，采用分段线性函数的数学模型，做出它们的相关对应表，如表5-2-1所示。

PSI与污染物质量浓度的相关对应表（单位：μg/m³） 表5-2-1

PSI	TSP(24h)	$\rho(SO_2)$(24h)	ρ(CO)(8h)	$\rho(O_3)$(1h)	$\rho(NO_2)$(1h)	$\rho(SO_2)\times TSP/(\mu g\cdot m^{-3})^2$
500	1000	2620	57.5	1200	3750	490000
400	875	2100	46.0	1000	3000	393000
300	625	1600	34.0	800	2260	261000
200	375	800	17.0	400	1130	65000
100	260	365	10.0	160	不报告	不报告
50	75	80	5.0	80	不报告	不报告

5. 现行施工场界标准的评价量指标

目前，我国绿色施工对有害气体没有量化的评价量指标，在《建筑工程绿色施工评价标准》GB/T 50640—2010中只对有害气体排放提出控制措施要求，如进出场车辆及机械设备废气排放应符合国家年检要求、不应在现场燃烧废弃物等。

第三节　施工全过程有害气体特点

1. 施工场地主要有害气体分析

1）土石方基础施工阶段与拆除施工阶段

土石方基础施工阶段是建筑施工的第一阶段。在这一阶段中，有害气体主要来自施工中所使用的工程机械，如挖掘机、推土机、装载机、各种打桩机以及各种运输车辆等，以及钢筋的切割焊接和桩基爆破开挖等。

在这些有害气体污染源中，有些污染源（如各种运输车辆）移动的范围比较大，有些污染源（如推土机、挖掘机等）相对移动的范围较小。由于国家规定，重型载重汽车白天不能进入市区，只能利用夜间运输土石方，所以，土石方阶段的各种设备在夜间配合运输车辆工作，车辆所产生的尾气也导致施工区环境夜间的污染程度高于白天。施工机械所产生的有害气体主要有一氧化碳（CO）、碳氢化合物（C_xH_y）、氮氧化物（NO_x）、二氧化硫（SO_2）、含铅化合物、苯并芘及固体颗粒物，它们能引起光化学烟雾。在钢筋的焊接过程中由于焊剂燃烧会产生烟尘，烟尘中有害气体主要有一氧化碳（CO）、氮氧化物（NO_x）和臭氧（O_3）等，这些烟尘会造成局部地区有害气体污染，如果存在比较密集的钢筋焊接区，则污染程度要高于其他区域。同时，某些施工场地采用桩基施工时往往会采用爆破加人工挖孔的方式进行桩基开挖，由于爆破所产生的烟尘在地下消散速度较慢，因此这一区域的污染持续时间较长，需特别注意施工人员在这类区域施工工作时的安全，爆破过程中主要产生的有害气体有一氧化碳（CO）、氮氧化合物（NO_x）等，一些特殊炸药的爆生气体还含有硫化氢（H_2S）、二氧化硫（SO_2）、氯化氢（HCl）等。

同时，在进行地下室防水施工作业时，由于所用的材料多为热熔法施工，其材料在温度作用下会释放诸如二甲苯等有毒、有害气体，在密闭环境下这些有毒、有害气体随着时间的推移而造成大量的堆积会对人体造成伤害，严重时可能会危及生命，因此需要在这种施工过程中加大对有害气体的监测和防护。

在拆除原有建筑和临建建筑时，有害气体污染主要来源于建筑垃圾运输的车辆、结构拆除所用机械排出的尾气和部分采用爆破拆除的区域，这些污染源与土石方基础施工阶段较为相像。

2）主体结构施工阶段

建筑结构主体施工阶段是建筑施工中周期最长的阶段。不但参与这一阶段施工的人员较多，而且使用的施工机械种类繁多，施工工序也较为复杂。现场所观测到的有害气体污染，不但有施工机械运行时产生的尾气，还有钢结构及钢筋切割、焊接时产生的烟气，钢结构喷涂防护层及模板施工时采用的有机溶剂所释放的有害气体和其他建筑材料切割打磨时产生的烟尘。结构主体施工阶段有些有害气体污染源的位置也并不固定，很多污染源随施工进程的发展变换位置，随机性比较大，例如大多数的施工机械等；有些污染源的位置就相对比较固定，如钢筋加工区内钢结构及钢筋切割焊接。钢结构喷涂防护层及模板施工时采用的有机溶剂中主要存在的有害气体为甲醛、挥发性有机物（VOC）、甲苯类化合物、氡等。

3）**装饰装修阶段**

装修阶段是建筑施工的最后一个阶段，此阶段中所用的施工机械数量较少，有害气体污染源主要出现在装饰装修阶段所使用的建筑材料中。

在进行装饰装修阶段的施工活动中，部分施工现场会出现装修用胶的熬制，由于熬胶会产生甲醛等有害气体，在室外会通过大气循环进入城市其他区域，造成较为严重的大气污染，同时会给现场熬胶的施工人员带来身体上的危害。在室内进行小批量的熬胶时，由于通风不畅等原因，会在室内迅速堆积有害气体，如不及时处理同样会造成较大的危害，因此，对施工现场的熬胶活动应多加关注，防止安全事故的发生。

我国《建筑工程绿色施工规范》GB/T 50905—2014 对民用建筑工程验收时，室内环境污染物浓度须达到一定标准，如表 5-3-1 所示。我国《室内空气质量标准》GB/T 18883—2002 规定，室内空气中有害气体浓度须在一定的限值以下，如表 5-3-2 所示。欧盟 2004/42/EC 指令给出了油漆和清漆中 VOC 的最高限值，如表 5-3-3 所示。

民用建筑工程室内环境污染物浓度限量 **表 5-3-1**

污染物	Ⅰ类民用建筑工程	Ⅱ类民用建筑工程
氡(Bq/m^3)	≤200	≤400
甲醛(mg/m^3)	≤0.08	≤0.1
苯(mg/m^3)	≤0.09	≤0.09
氨(mg/m^3)	≤0.2	≤0.2
TVOC(mg/m^3)	≤0.5	≤0.6

室内空气质量标准 **表 5-3-2**

序号	参数类别	参数	单位	标准值	备注
1	化学性	二氧化硫(SO_2)	mg/m^3	0.50	1h 平均值
2		二氧化氮(NO_2)	mg/m^3	0.24	1h 平均值
3		一氧化碳(CO)	mg/m^3	10.00	1h 平均值
4		二氧化碳(CO_2)	%	0.10	日平均值
5		氨(NH_3)	mg/m^3	0.20	1h 平均值
6		臭氧(O_3)	mg/m^3	0.16	1h 平均值
7		甲醛(HCHO)	mg/m^3	0.10	1h 平均值
8		苯(C_6H_6)	mg/m^3	0.11	1h 平均值

续表

序号	参数类别	参数	单位	标准值	备注
9	化学性	甲苯(C_7H_8)	mg/m^3	0.20	1h平均值
10		二甲苯(C_8H_{10})	mg/m^3	0.20	1h平均值
11		总挥发性有机物(TVOC)	mg/m^3	0.60	1h平均值

油漆和清漆中VOC的最高限值　　表5-3-3

序号	产品类型	水性(g/L)	溶剂型(g/L)
1	室内亚光墙壁及顶棚涂料(光泽度<25@60°)	30	30
2	室内光亮墙壁及顶棚涂料(光泽度>25@60°)	100	100
3	室外矿物基质墙壁涂料	40	430
4	室内外木质和金属件用装饰性和保护性漆	130	300
5	室内外装饰性清漆和木材着色剂(包括不透明的木材着色剂)	130	400
6	室内外最小构造的木材着色剂	130	700
7	底漆	30	350
8	粘合性底漆	30	750
9	单组分功能涂料	140	500
10	双组分反应的功能涂料(如地坪专用面漆)	140	500
11	多色涂料	100	100
12	装饰性效果涂料	200	200

4）材料与废弃物运输活动

材料和废弃物运输活动是穿插在整个建筑结构施工过程中的，这一阶段的主要有害气体污染来源是建筑材料及废弃物运输采用的运输车辆所释放的尾气。由于这一阶段运输车辆不固定，因此污染源也会随时移动，应在主要施工区域对施工运输车辆进行有效管理。

5）现场垃圾焚烧

虽然现在国家有明确规定在施工现场严禁焚烧施工及生活垃圾，但在部分施工现场仍会出现焚烧现象。由于垃圾的成分极其复杂，焚烧时会生成一种多环芳香烃化物，这类化合物可以通过呼吸道或食物链进入人体，在人体内有机体未能抵抗的情况下，可能会引起人们全身性的疾病。不少垃圾中有塑料制品和其他一些有害物质，一旦焚烧会产生大量烟雾、灰尘，甚至有毒物质，如一氧化碳、二氧化碳、苯的化合物等有害气体，还有不少致癌物质如二噁英等，对人体危害很大。因此施工现场的垃圾焚烧也是产生有毒有害气体的来源之一，应对其加强监控和防护。

6）**现场沥青的熬制**

沥青多用于道路施工，但少数建筑工程施工中也会用到，而现场沥青的熬制会形成沥青油及烟气，而其中主要成分为酚类、化合物、蒽、萘、吡啶等，这些成分一方面对大气污染较为严重，同时由于其中含有大量的致癌物质，对现场施工人员的健康造成危害，因此在现场进行沥青熬制也是有害气体污染来源之一。

7）**食堂区域**

食堂区域的有害气体来源主要是餐饮设备所产生的有害废气，这往往是最容易忽略的一点，然而有研究表明：因饮食餐饮加工所产生的有害气体占大气气体污染物的30％左右。

8）**卫生间区域**

卫生间区域有害气体来源主要是卫生间内的恶臭气体及部分设有沼气池的场所，同时由于外界因素和内部因素的综合影响，沼气池和排污管道等会存在气体泄漏，这也是该区域有害气体的一大来源。

2. 施工全过程有害气体类型

根据现场调研及相关资料参考，施工过程中有害气体包括甲烷（CH_4）、氨气（NH_3）、一氧化碳（CO）、硫化氢（H_2S）、二氧化硫（SO_2）、氯气（Cl_2）、氮氧化物（NO_X）、挥发性有机物（VOC）等，其中主要气体为一氧化碳（CO）、二氧化硫（SO_2）、氮氧化物（NO_X）、挥发性有机物（VOC）。

3. 施工全过程有害气体危害

施工全过程有害气体对人体的主要危害如表 5-3-4 所示。

施工全过程有害气对人体的主要危害　　表 5-3-4

有害气体	浓度(ppm)	对人体的主要危害
一氧化碳(CO)	50	允许的暴露浓度，可暴露 8h(OSHA)
	200	2～3h 内可能会导致轻微的前额头痛
	400	1～2h 后前额头痛并呕吐，2.2～3.5h 后眩晕
	800	45min 内头痛、头晕、呕吐，2h 内昏迷，可能死亡
	1600	20min 内头痛、头晕、呕吐，1h 内昏迷并死亡
二氧化硫(SO_2)	0.3～1	可察觉的最初的 SO_2
	2	允许的暴露浓度(OSHA、ACGIH)
	3	非常容易察觉的气味
	6～12	对鼻子和喉部有刺激
	20	对眼睛有刺激

续表

有害气体	浓度(ppm)	对人体的主要危害
二氧化氮(NO_2)	0.2～1	可察觉的有刺激的酸味
	1	允许的暴露浓度(OHSA、ACGIH)
	5～10	对鼻子和喉部有刺激
	20	对眼睛有刺激
	50	30min 内最大的暴露浓度
	100～200	肺部有压迫感，急性支气管炎，暴露稍长一会将引起死亡
挥发性有机物(VOC)	《民用建筑室内环境污染控制规范》GB 50325—2020 中规定的 TVOC 含量为Ⅰ类民用建筑工程：0.5mg/m^3、Ⅱ类民用建筑工程：0.6mg/m^3	

注：1. OSHA 是指美国职业安全与健康管理局(Occupational Safety and Health Administration)颁布标准的简称；
2. ACGIH 是指美国政府工业卫生师协会(American Conference of Governmental Industrial Hygienists)颁布标准的简称。

由表 5-3-5 我们可以看出，施工中有害气体浓度一旦超过一定的限值就会对人的身体健康造成伤害。

4. 施工全过程有害气体特点

广阔性：由于大气环境是时刻流动的开放空间，故有害气体的污染范围不受边界的限制，施工过程中产生的有害气体可能会经过长距离污染转移而引发难以控制的环境安全威胁；

严重性：由于施工过程有害气体的自身属性以及其面积广、扩展迅速等特点，所产生的有害气体可能会经过空气流动污染周围居民的生活环境，同时施工中会有相对密闭的情况，很容易对在这种施工环境下工作的施工人员身体健康造成危害；

区域性：施工过程产生的有害气体所造成的大气环境污染严重程度由于地域的不同会存在差异，主要由于工程项目所在地的地形地貌、城市功能区位置、气候条件等多方面因素共同作用的影响，进而使得排放的有害气体污染程度不同；

不确定性：由于施工过程中有害气体污染源不一定是固定的，而且施工现场环境相对比较复杂，因而有害气体的传播具有相当的不确定性；

突发性：施工过程中由于会发生突发性事件，如施工造成的管道破损带来的气体泄漏，这种突发性事件会造成有害气体污染的突然形成，因而有害气体污染具有突发性。

第四节 施工全过程有害气体控制指标

1. 控制指标的影响因素

1) 周围建筑类型

2012 年第三次修订的《环境空气质量标准》GB 3095 中将环境空气功能区分为二类，

参照该标准，根据施工场地周边的建筑使用功能特点及环境空气质量要求，将建筑施工场地周边的建筑类型分为以下两类：

一类环境空气质量功能区（一类区）为自然保护区、风景名胜区和其他需要特殊保护的地区；

二类环境空气质量功能区（二类区）为城镇规划中确定的居住区、商业交通居民混合区、文化区、工业区和农村地区。

一类区适用一级浓度限值，二类区适用二级浓度限值。

2）施工场地分区

对于具体的工程项目，施工现场主要可分为施工区和非施工区两类。

3）施工阶段

在建筑工程施工中主要分为以下几个施工阶段：土石方基础施工阶段、结构主体施工阶段、装修施工阶段和材料与废弃物运输活动。在不同的施工阶段存在不同的有害气体污染源，同时对于不同施工阶段有不同的施工环境及施工工序，因而对于评价量指标有所影响。

2. 施工全过程有害气体控制指标

见表 5-4-1～表 5-4-6。

土石方基础和主体结构施工阶段有害气体控制指标　　表 5-4-1

序号	有害气体类型	指标限值		单位
		一级	二级	
1	二氧化硫(SO_2)	0.05	0.15	$mg/m^3/24h$
2	二氧化氮(NO_2)	0.08	0.08	
3	一氧化碳(CO)	4	4	
4	挥发性有机化合物(VOC)	0.5	0.6	$mg/m^3/8h$
5	臭氧(O_3)	0.1	0.16	

装饰装修阶段有害气体控制指标　　表 5-4-2

序号	有害气体类型	指标限值	单位
1	二氧化硫(SO_2)	0.5	$mg/m^3/h$
2	二氧化氮(NO_2)	0.24	
3	一氧化碳(CO)	10	
4	甲醛(HCHO)	0.10	
5	苯(C_6H_6)	0.11	

续表

序号	有害气体类型	指标限值	单位
6	甲苯(C_7H_8)	0.20	$mg/m^3/h$
7	二甲苯(C_8H_{10})	0.20	
8	苯并芘	1.00	$mg/m^3/24h$
9	总挥发性有机物(TVOC)	0.60	$mg/m^3/8h$

食堂有害气体控制指标 **表 5-4-3**

序号	有害气体类型	现有污染物指标限值	新污染源污染物指标限值	单位
1	二氧化硫(SO_2)	0.5	0.40	mg/m^3
2	二氧化氮(NO_2)	0.15	0.12	
3	一氧化碳(CO)	10	8	
4	丙烯醛	0.50	0.40	
5	油烟最高允许排放浓度	2		

卫生间有害气体控制指标 **表 5-4-4**

序号	有害气体类型	指标限值			单位
		一级	二级		
			新扩改建	现有	
1	氨(NH_3)	1.0	1.2	2.0	mg/m^3
2	硫化氢(H_2S)	0.03	0.03	0.10	
3	甲硫醇	0.004	0.007	0.010	
4	臭气浓度	10	20	30	无量纲
5	甲烷(CH_4)	350	350	350	mg/m^3

注:臭气浓度是指恶臭气体(包括异味)用无臭空气进行稀释,稀释到刚好无臭时,所需的稀释倍数。

运输道路有害气体控制指标 **表 5-4-5**

序号	有害气体类型	指标限值		单位
		一级	二级	
1	二氧化硫(SO_2)	0.05	0.15	$mg/m^3/24h$
2	二氧化氮(NO_2)	0.08	0.08	
3	一氧化碳(CO)	4	4	
4	挥发性有机化合物(VOC)	0.5	0.6	$mg/m^3/8h$
5	臭氧(O_3)	0.1	0.16	

装修阶段熬胶、垃圾焚烧、熬制沥青等极端状态下有害气体控制指标　　表 5-4-6

序号	有害气体类型	指标限值	单位
1	二氧化硫(SO_2)	0.5	$mg/m^3/h$
2	二氧化氮(NO_2)	0.24	
3	一氧化碳(CO)	10	
4	甲醛(HCHO)	0.10	
5	苯(C_6H_6)	0.11	
6	甲苯(C_7H_8)	0.20	
7	二甲苯(C_8H_{10})	0.20	
8	苯并芘	1.0	$mg/m^3/24h$
9	总挥发性有机物(TVOC)	0.60	$mg/m^3/8h$
10	二噁英	0.1	$ng\ TED/m^3$

第六章

水污染

第一节　已有指标和依据

1. 国外

1）国外研究现状

美国作为一个环境立法比较先进的国家，在20世纪60年代之前，严重的水污染促使美国联邦政府制定了以1972年《联邦水污染控制法》（简称为《水污染法》）为核心的一系列法律法规，通过法律及其实施来控制水污染，在经过不断的努力后取得了较为明显的成绩。美国的《清洁水法》是1977年对于1972年联邦水污染控制法案的修正案，它制定了控制美国污水排放的基本法规。《清洁水法》授予美国环保署建立工业污水排放的标准（基于技术），并继续建立针对地表水中所有污染物的水质标准的权力。《清洁水法》是美国最重要的联邦水污染防治法律，实施《清洁水法》的联邦机构是联邦环境保护局。30多年来，该法对美国水环境的保护与改善发挥了重要作用。总结美国水污染防治法的经验，主要包括以下几个方面：

第一，调控机制。徐祥民在《美国水污染控制法的调控机制》一文中指出，现行的《联邦水污染控制法》采用了以“命令控制”为主，“经济激励”为辅，并且通过“公众参与”的方式对水污染防治调控机制进行了补充。其中“命令控制”主要是指由联邦机构制定水污染控制的基本政策和污水排放标准，然后由各州负责实施，这是防治水污染的宏观调控方式。而“经济激励”机制主要是指通过市场这一手段防治水污染，具体措施是建立排污交易制度，这样可以充分发挥市场主体参与水污染控制工作的积极性。公众参与水污染控制的形式是多样的，包括环境运动、听证会和公民诉讼。在美国，随着公民起诉资格要求的降低和法院对“利害关系”这一概念的解释进一步扩大，公民诉讼成为公众参与环境保护的重要制度。1972年《联邦水污染控制法》的修正案，通过公民诉讼条款，其中对于公民的诉讼资格进行了规定。

第二，排污权交易制度。排污权交易制度最早出现在美国人戴尔斯的《污染、财富和价格》这篇文章中。美国的《清洁空气法案》将该制度在法律中首次进行规定，并且取得了很好的效果。刘延廷在其《美国排污权交易制度对中国的启示》一文中，对美国的排污权交易的模式选择及效果进行了阐述。美国的三种排污权交易模式分别是基准——信用模式、总量——交易模式、非连续排污削减模式，文中对这三种模式从管理形式和管理费用、交易成本、案例实施效果这三个方面进行了比较分析。

2）国外标准现状

（1）欧盟水污染物排放标准

为了对零散的水资源管理法规进行整合，欧盟于 2000 年颁布了《欧盟水框架指令》。其中，排污限定指令有《城市废水处理指令》Directive91/271/EEC。该指令要求污水处理厂执行的排放标准见表 6-1-1。

欧盟城镇污水处理排放标准（mg/L） **表 6-1-1**

指标	BOD	SS	COD	总磷	总氮
年平均值(mg/L)	25	35	125	2	15
去除率(%)	70～90	60	10	80	70～80

（2）日本水污染物排放标准

日本 1970 年颁布了《水质污浊防止法》，水质标准包括健康项目和生活环境项目两大类，采用浓度限值，允许地方根据当地水域特点制定地方排水限值标准。近年来为改善封闭性海域的水质，日本对工业集中、污染严重地区实施主要污染物总量限值制度，对各指定水域确定污染负荷量的总体削减目标量，再由各级政府据此确定所辖范围内的各污染源的削减目标量及削减方法事项，即采取浓度控制和总量控制相互结合的治理模式。日本各级政府对于执行标准控制污染的主动性很强，大都根据地方环境需要，制定和实施严于国家标准的地方标准。表 6-1-2 是日本生活环境项目排放标准。

日本生活环境项目排放标准（mg/L） **表 6-1-2**

指标	允许浓度
pH 值	向海域排水 5.0～9.0
	向海域外公共区域排水 5.8～8.6
SS	200(日平均 150)
BOD	160(日平均 120)
COD	160(日平均 120)
氮	120(日平均 60)
磷	16(日平均 8)
类大肠菌群	日平均 3000 个/cm^3

2. 国内

1）国内研究现状

近年来，水污染所带来的严重后果受到人们的广泛关注，研究水污染防治问题的专家、学者也越来越多。我国的学者主要从以下几个方面对水污染防治问题进行了研究：

第一，我国水污染防治立法的不足和完善。我国对于水污染防治立法的研究较多，研究成果丰富，学者们研究方向不同。其中陈虎军的《中国水污染防治法律制度研究》和王晓娇的《我国水污染防治法律对策研究》，两篇文章比较系统全面地对我国的水污染防治法律制度进行了阐述，并且对于存在的问题提出完善的对策。

其次，部分学者从我国的水污染防治法律制度的某个方面进行论述。例如：刘超的《〈水污染防治法〉控制手段的反思与重构》，该篇文章主要反思《水污染防治法》的控制手段，注重以水质标准为目标的控制手段，并构建具体的制度。朱丽、田义文的《完善水污染防治法的法律责任》一文中，结合现阶段中国水资源污染状况的突出表现，分析了现在中国的水污染防治法中的法律责任存在的缺陷，分别从侵权救济、诉讼主体范围、政府方面责任、处罚责任等几个方面对中国水污染防治法的完善提出了相应的完善建议。高永爱的《〈水污染防治法〉实施中存在的问题和对策》这两篇文章阐述了《水污染防治法》在现实的实施过程中存在的问题，并提出了相应的完善对策。

第三，水污染防治的监督管理体制和制度。水污染防治的监督管理制度主要包括许可证制度、排污申报制度、排污收费制度、限期治理制度等，我国的学者也对此进行了深入的研究。张景馨、刘东诚的《论我国流域水污染防治监督管理体制和制度》一文分析了我国流域水污染防治监督管理体制的现状和存在的问题，在此基础上提出了完善我国流域水污染防治监督管理体制的建议。对于排污权交易这一具体的制度，我国学者也对其进行了深入的研究。关于该制度的性质，有学者认为，排污权交易实质是环境容量使用权交易，是环境保护经济手段的运用。也有学者认为，排污权及其转让制度作为治理环境的一种方法，是以环境容量为基础的，环境总容量及环境自净能力总量为容纳污染的极限。排污权交易制度作为治理环境的一种办法，是以科学核算环境容量为依据，在污染物排放总量控制指标确定的条件下，利用市场机制，通过在污染者之间进行排污权交易，实现一种以最低成本进行的污染治理的制度。排污权交易制度把排污权作为一种商品来交易，可以刺激企业更好地创新技术来减少污染物的排放。

2）国内标准现状

我国的绿色施工相关理念在 1991 年建设部发布的《建设工程施工现场管理规定》中得到体现，第三十一条“施工单位应当遵守国家有关环境保护的法律规定，采取措施控制施工现场的各种粉尘、废气、废水、固定废弃物以及噪声、振动对环境的污染和危害。”对施工过程中文明施工及环境管理方面提出了要求，第三十二条对施工单位提出须妥善处理泥浆水，未经处理不得直接排入城市排水设施和河流。

2007年建设部印发了《绿色施工导则》，明确定义了绿色施工是指工程建设中，在保证质量、安全等基本要求的前提下，通过科学管理和技术进步，最大限度地节约资源与减少对环境负面影响的施工活动，实现“四节一环保”（节能、节地、节水、节材和环境保护）。同时在4.2.4中规定“施工现场污水排放应达到国家标准《污水综合排放标准》GB 8978—1996的要求”，还规定“在施工现场应针对不同的污水，设置相应的处理设施，如沉淀池、隔油池、化粪池等。”

2010年版《建筑工程绿色施工评价标准》GB/T 50640中有关水污染的相关规定如表6-1-3所示，该标准适应于建筑工程绿色施工的评价。

《建筑工程绿色施工评价标准》GB/T 50640—2010中有关水污染的相关规定　表6-1-3

规范节号	具体内容
5.2.1	资源保护应符合下列规定： 应保护四周原有地下水形态，减少抽取地下水
5.2.6	污水排放应符合下列规定： 1. 现场道路和材料堆放场地周边应设排水沟； 2. 工程污水和试验室养护用水应经处理达标后排入市政污水管道； 3. 现场厕所应设置化粪池，化粪池应定期清理； 4. 工地厨房应设隔油池，应定期清理； 5. 雨水、污水应分流排放

从表6-1-3中的规定可以看出，该标准对施工现场水环境保护做出相应规定，对现场水污染的控制做出相应的控制措施和规定。

《建筑工程绿色施工规范》GB/T 50905—2014中有关水污染的规定如表6-1-4所示，该规范适用于新建、扩建、改建及拆除等建筑工程的绿色施工。

《建筑工程绿色施工规范》GB/T 50905—2014中有关水污染的相关规定　表6-1-4

规范节号	具体内容
3.2.2	节水及水资源利用应符合下列规定： 1. 现场应结合给排水点位置进行管线线路和阀门预设位置的设计，并采取管网和用水器具防渗漏的措施； 2. 施工现场办公、生活区的生活用水应采用节水器具； 3. 宜建立雨水、中水或其他可利用水资源的收集利用系统； 4. 应按生活用水与工程用水的定额指标进行控制； 5. 施工现场喷洒路面、绿化浇灌不宜使用自来水
3.3.4	水污染控制应符合下列规定： 1. 污水排放应符合现行行业标准《污水排入城镇下水道水质标准》CJ 343的有关要求； 2. 使用非传统水源和现场循环水时，宜根据实际情况对水质进行检测； 3. 施工现场存放的油料和化学溶剂等物品应设专门库房，地面应做防渗漏处理。废弃的油料和化学溶剂应集中处理，不得随意倾倒； 4. 易挥发、易污染的液态材料，应使用密闭容器存放； 5. 施工机械设备使用和检修时，应控制油料污染；清洗机具的废水和废油不得直接排放； 6. 食堂、盥洗室、淋浴间的下水管线应设置过滤网，食堂应另设隔油池； 7. 施工现场宜采用移动式厕所，并应定期清理。固定厕所应设化粪池； 8. 隔油池和化粪池应做防渗处理，并应进行定期清运和消毒

续表

规范节号	具体内容
6.5	地下水控制应符合下列规定： 6.5.1 基坑降水宜采用基坑封闭降水方法。 6.5.2 基坑施工排出的地下水应加以应用。 6.5.3 采用井点降水施工时，地下水位与作业面高差宜控制在250mm以内，并应根据施工进度进行水位自动控制。 6.5.4 当无法采用基坑封闭降水，且基坑抽水对周围环境可能造成不良影响时，应采用对地下水无污染的回灌方法
7.2.6	钢筋加工中使用的冷却液体，应过滤后循环使用，不得随意排放
7.2.27	清洗泵送设备和管道的污水应经沉淀后回收利用，浆料分离后可作室外道路、地面等热层的回填材料
8.2.4	施工现场切割地面块材时，应采取降噪措施；污水应集中收集处理
11.1.2	建筑物拆除过程应控制废水、废弃物、粉尘的产生和排放
11.2.5	拆除施工前，应制定防尘措施；采取水淋法降尘时，应采取控制用水量和污水流淌的措施

从表6-1-4可以看出该规范对于节水与水资源保护做出来相应规定，对施工各个阶段将产生的水污染问题做出了预防措施，还要求污水排放应符合相应规范。

《污水排入城镇下水道水质标准》GB/T 31962—2015规范中有关水污染规定如表6-1-5所示，该标准适用于向城镇地下水排放污水的排水户的排水水质。

《污水排入城镇下水道水质标准》GB/T 31962—2015规范中有关水污染规定　表6-1-5

规范节号	具体内容
4.1.1	严禁向城镇下水道倾倒垃圾、粪便、积雪、工业废渣、餐厨废物、施工泥浆等造成下水道堵塞的物质
4.1.2	严禁向城镇下水道排入易凝聚、沉积等导致下水道淤积的污水或物质
4.1.3	严禁向城镇下水道排入具有腐蚀性污水或物质
4.1.4	严禁向城镇下水道排入有毒、有害、易燃、易爆、恶臭等可能危害城镇排水与污水处理设施安全和公共安全的物质
4.1.6	水质不符合本标准规定的污水，应进行预处理。不得用稀释法降低浓度后排入城镇下水道

除表6-1-5以外，该规范还给出了污水排入城镇下水道水质等级标准（表6-1-6）。

污水排入城镇下水道水质控制项目限值　表6-1-6

序号	控制项目名称	单位	A级	B级	C级
1	水温	℃	40	40	40
2	色度	倍	64	64	64
3	易沉固体	mL/(L·15 min)	10	10	10

续表

序号	控制项目名称	单位	A 级	B 级	C 级
4	悬浮物	mg/L	400	400	250
5	溶解性总固体	mg/L	1500	2000	2000
6	动植物油	mg/L	100	100	100
7	石油类	mg/L	15	15	10
8	pH 值	—	6.5～9.5	6.5～9.5	6.5～9.5
9	五日生化需氧量（BOD_5）	mg/L	350	350	150
10	化学需氧量(COD)	mg/L	500	500	300
11	氨氮(以 N 计)	mg/L	45	45	25
12	总氮(以 N 计)	mg/L	70	70	45
13	总磷(以 P 计)	mg/L	8	8	5
14	阴离子表面活性剂(LAS)	mg/L	20	20	10
15	总氰化物	mg/L	0.5	0.5	0.5
16	总余氯(以 Cl_2 计)	mg/L	8	8	8
17	硫化物	mg/L	1	1	1
18	氟化物	mg/L	20	20	20
19	氯化物	mg/L	500	800	800
20	硫酸盐	mg/L	400	600	600
21	总汞	mg/L	0.005	0.005	0.005
22	总镉	mg/L	0.05	0.05	0.05
23	总铬	mg/L	1.5	1.5	1.5
24	六价铬	mg/L	0.5	0.5	0.5
25	总砷	mg/L	0.3	0.3	0.3
26	总铅	mg/L	0.5	0.5	0.5
27	总镍	mg/L	1	1	1
28	总铍	mg/L	0.005	0.005	0.005
29	总银	mg/L	0.5	0.5	0.5
30	总硒	mg/L	0.5	0.5	0.5

续表

序号	控制项目名称	单位	A级	B级	C级
31	总铜	mg/L	2	2	2
32	总锌	mg/L	5	5	5
33	总锰	mg/L	2	5	5
34	总铁	mg/L	5	10	10
35	挥发酚	mg/L	1	1	0.5
36	苯系物	mg/L	2.5	2.5	1
37	苯胺类	mg/L	5	5	2
38	硝基苯类	mg/L	5	5	3
39	甲醛	mg/L	5	5	2
40	三氯甲烷	mg/L	1	1	0.6
41	四氯化碳	mg/L	0.5	0.5	0.06
42	三氯乙烯	mg/L	1	1	0.6
43	四氯乙烯	mg/L	0.5	0.5	0.2
44	可吸附有机卤化物（AO_x，以 Cl 计）	mg/L	8	8	5
45	有机磷农药（以 P 计）	mg/L	0.5	0.5	0.5
46	五氯酚	mg/L	5	5	5

根据城镇下水道末端污水处理厂的处理程度，将控制项目限值分为 A、B、C 三个等级，采用再生处理时，排入城镇下水道的污水水质应符合 A 级的规定，采用二级处理时，排入城镇下水道的污水水质应符合 B 级的规定，采用一级处理时，排入城镇下水道的污水水质应符合 C 级的规定。该规范对一级处理、二级处理、以及再生处理进行了以下定义："一级处理是指在格栅、沉砂等预处理基础上，通过沉淀等去除污水中悬浮物的过程。包括投加混凝剂或生物污泥以提高处理效果的一级强化处理。二级处理是指在一级处理基础上，用生物等方法进一步去除污水中胶体和溶解性有机物的过程。包括增加除磷脱氮功能的二级强化处理。再生处理指的是以污水为再生水源，使水质达到利用要求的深度处理过程。

《城市污水再生利用　城市杂用水水质》GB/T 18920—2020 中对建筑施工杂用水水质标准作了要求。

《混凝土用水标准》JGJ 63—2006 中 3.1.1 规定混凝土拌合用水水质要求应符合表 6-1-7 的规定。对于设计使用年限为 100 年的结构混凝土，氯离子含量不得超过 500mg/L；对使用钢丝或经热处理钢筋的预应力混凝土，氯离子含量不得越过 350mg/L。

混凝土拌合用水水质要求　　表 6-1-7

项目	预应力混凝土	钢筋混凝土	素混凝土
pH 值	≥5.0	≥4.5	≥4.5
不溶物(mg/L)	≤2000	≤2000	≤5000
可溶物(mg/L)	≤2000	≤5000	≤1000
Cl^-(mg/L)	≤500	≤1000	≤3500
SO_4^{2-}(mg/L)	≤600	≤2000	≤2700
碱含量(mg/L)	≤1500	≤1500	≤1500

《生活饮用水卫生标准》GB 5749—2006 规定的水质标准：6.5＜pH＜8.5；水源与净水技术条件受限时，浑浊度不超过 3NTU，不得含有肉眼可见物，不得测出总大肠菌群、耐热大肠菌群以及大肠埃希氏菌，总菌落数不得大于 100CFU/mL。

第二节　关于污水的评价量指标

1. pH 值

pH 值表示的是溶液中氢离子浓度的负对数，是最常用的水质指标之一。天然水 pH 值一般为 6～9；日常饮用水 pH 值要求控制在 6.5～8.5；为了防止对金属设备和管道造成腐蚀，某些工业用水的 pH 值必须严格控制在 7.0～8.5。pH 值在废水生化处理、水质评估方面具有重要的指导意义。

2. 悬浮物

悬浮物指悬浮在水中的固体物质，包括不溶于水中的无机物、有机物及泥砂、黏土、微生物等。水中悬浮物含量是衡量水污染程度的指标之一。同时悬浮物是造成水浑浊的主要原因。

3. 油类物质

油类物质包括石油和动植物油，水体石油污染指石油进入河流、湖泊或地下水后，其含量超过了水体的自净能力，使水质和底质的物理、化学性质或生物群落组成发生变化，从而降低水体的使用价值和使用功能。

4. 化学需氧量

化学需氧量是以化学方法测量水样中需要被氧化的还原性物质的量。化学需氧量高意味着水中含有大量还原性物质，主要是有机污染物。化学需氧量越高，就表示废水的有机物污染越严重，这些有机物污染的来源可能是农药、化工厂、有机肥料等。如果不进行处理，许多有机污染物可在江底被底泥吸附而沉积下来，在今后若干年内对水生生物造成持久的毒害。

5. 氨氮

氨氮是指水中以游离氨（NH_3）和铵离子（NH_4^+）形式存在的氮。人畜粪便中含氮有机物很不稳定，容易分解成氨。氨氮是水体中的营养素，可导致水富营养化现象发生，是水体中的主要耗氧污染物，对鱼类及某些水生生物有毒害。

6. 生化需氧量

生物需氧量是指在一定条件下，微生物分解存在于水中的可生化降解有机物所进行的生物化学反应过程中所消耗的溶解氧的数量，间接反映了水中可生物降解的有机物量。它说明水中有机物出于微生物的生化作用进行氧化分解，使之无机化或气体化时所消耗水中溶解氧的总数量。其值越高，说明水中有机污染物质越多，污染也就越严重。

7. 总磷

总磷是水样经消解后将各种形态的磷转变成正磷酸盐后测定的结果，以每升水样含磷毫克数计量。其主要来源为生活污水、化肥、有机磷农药及近代洗涤剂所用的磷酸盐增洁剂等。

8. 总氮

总氮的定义是水中各种形态无机和有机氮的总量。水中的总氮含量是衡量水质的重要指标之一，其测定有助于评价水体被污染和自净状况。地表水中氮、磷物质超标时，微生物大量繁殖，浮游生物生长旺盛，出现富营养化状态。

9. 现行施工场界标准的评价量指标

目前绿色施工要求施工污水有组织收集并处理后进行排放，排放应符合现行行业标准《污水排入城镇下水道水质标准》GB/T 31962-2015 的有关要求。在实际操作过程中，施工单位往往以污水排放的 pH 值代替上述要求，即检测污水 pH 值在 6～9，就认定实现了污水的达标排放。

第三节　施工全过程污水特点

1. 施工场地主要污水源分析

1）土石方基础施工阶段与拆除施工阶段

这一阶段施工废水的来源主要有以下几种：基坑开挖或爆破时产生的涌水混合水泥砂

浆水，泥浆排入水体后可能会使水体中 Cl^- 或者 SO_4^{2-} 提高，侵蚀性二氧化碳增大；明挖基础或钻孔桩基础施工产生的含渣废水；基坑降水排水时产生的废水；施工机械设备运行时产生的含油废水；用于施工降尘的水；喷射注浆材料渗出的废水以及后勤生活污水等。

2）**主体结构施工阶段**

这一阶段施工废水的来源主要有以下几种：各种建筑材料在运输过程中进入水体，施工机械燃油和机油泄漏，临时堆料场因雨水冲刷形成的废水，施工设备维修清洗产生的含油废水，混凝土、早强剂、速凝剂等材料水解后产生的碱性废水以及生活废水。

3）**装饰装修阶段**

这一阶段施工废水来源主要有以下几种：装修涂料、胶粘剂、处理剂等残留物形成废水，机械设备运行产生的含油污水，材料因雨水冲刷形成的废水，生活污水。

4）**材料与废弃物运输**

材料与废弃物运输是贯穿整个施工过程的一个重要施工活动，这一活动的施工污水来源主要有以下几种：材料运输过程中车辆产生的含油污水，施工现场产生的液体废弃物随意排放，车辆清洗废水，泥砂、水泥等废弃物排入水中产生的废水，生活污水。

2. 施工全过程污水类型

根据施工项目造成水污染的污染物质性质，我们可将水体污染分为：化学性质污染、物理性质污染及生物性质污染。化学性污染包括酸碱污染、需氧性有机物污染、营养物质污染和有机毒物污染；物理性污染有悬浮固体污染和热污染；生物性污染则是指微生物进入水体后，令水体带有病原生物。

3. 施工全过程污水危害

就一般施工项目而论，施工水污染造成的危害可分为以下5种：

（1）施工过程中污染物无序排放

在建筑工地，水经过使用后常被掺杂了很多的污染物，比如砂泥、油污等，如果污水能被自行消化、吸收或循环再用，避免随意排放，便可以舒缓工地水体污染的情况，然而，往往碍于各种主观因素和客观因素，在施工项目中产生的污水会被排放于工地之外，常常会造成附近水体受到污染。

（2）施工过程中污染物随意弃置

在施工现场产生的污染物有液态、固态及固液混合态。其中，液态的污染物往往没被处理便被排放，从而使得水体污染。余下两种形态的污染物则通常被运往工地外弃置，在被弃置的地方通过地下水、河流和海域等污染水体。

(3) 生活污水

由于在工地常常会修建食堂及厕所以供施工人员使用，因此这两个地方常会产生生活污水。其中食堂产生的污水有洗涤食物水、肥皂水，厕所产生的污水则包括人类排泄物及冲厕水。排放物常含有大量的生物营养物，在排放后易对附近环境造成水体污染，造成较为严重的后果。

(4) 降雨径流

降雨常会随着附近的山涧、河流进入施工现场，在工地地面上造成径流或积存，再混杂上工地的污染物，比如砂泥，便会造成污水，经排放后污染水体，影响环境。

(5) 意外事故

施工现场意外事故的发生常常会引起水体污染，比如发生化学物品泄漏、工地火灾或者水灾。每个施工现场都或多或少会存在一些潜在危机，例如工地在火灾时，便会大量喷水救火，那样就会造成工地大量水积存及排放，进而污染水体。

其次，城市地下工程的发展及城市的基础工程施工也会对地下水资源产生不利的影响。如果在工程施工中不注意对地下水资源的保护和监测，地下水资源将会遭受严重的流失和污染，对经济的发展和生活环境造成巨大的负面影响。譬如对大型工程来说，随着基础埋置深度越来越深，基坑开挖深度的增加不可避免地会遇到地下水。由于地下水的毛细作用、渗透作用和侵蚀作用均会对工程质量有一定影响，所以必须在施工中采取措施解决这些问题。通常的解决办法有以下两种：降水和隔水。降水对地下水的影响通常要强于隔水对地下水的影响。降水是强行降低地下水位至施工底面以下，使得施工在地下水位以上进行，以消除地下水对工程的负面影响。该种施工方法不仅造成地下水大量流失，改变地下水的径流路径，还由于局部地下水位降低，邻近地下水向降水部位流动，地面受污染的地表水会加速向地下渗透，对地下水造成更大的污染。更为严重的是由于降水局部形成漏斗状，改变了周围土体的应力状态，可能会使降水影响区域内的建筑物产生不均匀的沉降，使周围建筑或地下管线受到影响甚至破坏，威胁人们的生命安全。另外，由于地下水的动力场和化学场发生变化，便会引起地下水中某些物理化学组分及微生物含量发生变化，导致地下水内部失去平衡，从而使污染加剧。另外，施工中为改善土体的强度和抗渗能力所采取的化学注浆，施工产生的废水、洗刷水、废浆以及机械漏油等，都可能影响地下水质。

4. 施工全过程污水特点

(1) 无组织性

施工现场存在着较多无组织排水，因此对于施工现场水污染，无组织性是其一大特点。

(2) 区域性

施工过程产生的污水性质会因其功能区的改变而改变，如生活污水和生产污水就是两种不同的水质，进而使得其污染程度和控制指标有所不同。

(3) 突发性

施工过程中由于会发生突发性事件，如施工造成的管道破损带来的污水泄漏，这种突发性事件会造成水污染的突然形成，因而其具有突发性。

第四节　施工全过程污水控制指标

1. 控制指标的影响因素

(1) 主要污染物为SS、油类。其中施工废水中油类、SS含量偏高，出现上述现象主要是因为工地进出车辆较多，造成油污指标较高；施工时产生大量扬尘会导致施工现场废水悬浮物过多。

(2) 废水pH值均呈碱性。造成这一结果的原因主要是因为施工材料所致，由于施工过程中使用了大量的混凝土和减水剂、早强剂、速凝剂等材料，这些材料水解会产生硅酸三钙、硅酸二钙、氢氧化钙等水溶性物质，这些物质均呈碱性，因而造成水中pH值升高。

(3) 废水水质水量不稳定，不同时间、不同工地区别很大。受不同地质条件和地下水位影响，不同工地废水量会不同，不同的施工工法所产生的废水量也不同，即便是同一工地在不同时期废水流量和水质状况也会有很大变化。水量的不稳定给水质处理带来很大难度。

(4) 施工水污染具有突发性。当施工现场发生意外事故时，通常会导致水体污染，例如发生化学物品泄漏、工地火灾或者水灾，若不及时处理，将会发生严重危害。

2. 施工全过程污水控制指标

1) 施工生产、生活污水指标限值建议

对于施工现场污水排放进入不同类别水环境，施工现场污水的评价指标应设置不同限值（表6-4-1），将污水排放进入的不同类别水环境分为三类：

一类区为集中式生活饮用水地表水源地二级保护区、鱼虾类越冬场、洄游通道、水产养殖区等渔业水域及游泳区；

二类区为一般工业用水区、人体非直接接触的娱乐用水区、农业用水区及一般景观要求水域；

三类区为下水道末端有污水处理厂的城镇，又可细分为A、B、C三个等级：A等级为城镇下水道末端污水处理厂采用再生处理的城市，B等级为城镇下水道末端污水处理厂采用二级处理的城市，C等级为城镇下水道末端污水处理厂采用三级处理的城市。

一类区适用一级指标限值，二类区适用二级指标限值，三类区适用三级指标限值。

施工污水的水质指标建议（最高允许值）　　表 6-4-1

施工现场区域	控制项目名称	单位	一级	二级	三级		
					A级	B级	C级
施工区	pH值	—	6～9	6～9	6.5～9.5	6.5～9.5	6.5～9.5
	悬浮物	mg/L	70	150	400	400	300
	BOD_5	mg/L	20	30	350	350	150
	COD	mg/L	100	150	500	500	300
	石油类	mg/L	5	10	20	20	15
	氨氮	mg/L	15	25	45	45	25
	色度	倍	50	80	50	70	60
	铬	mg/L	1.5	1.5	1.5	1.5	1.5
	铜	mg/L	0.5	1	2	2	2
	锰	mg/L	2	2	2	5	5
	锌	mg/L	2	5	5	5	5
	镍	mg/L	1	1	1	1	1
	硫化物	mg/L	1	1	1	1	1
	氟化物	mg/L	10	10	20	20	20
	甲醛	mg/L	1	2	5	5	2
	三氯甲烷	mg/L	0.3	0.6	1	1	0.6
	三氯乙烯	mg/L	0.3	0.6	1	1	0.6
	四氯乙烯	mg/L	0.1	0.2	0.5	0.5	0.2
生活区	pH值	—	6～9	6～9	6.5～9.5	6.5～9.5	6.5～9.5
	悬浮物	mg/L	70	150	400	400	300
	BOD_5	mg/L	20	30	350	350	150
	COD	mg/L	100	150	500	500	300
	动植物油	mg/L	10	15	100	100	100
	氨氮	mg/L	15	25	45	45	25
	总磷	mg/L	0.2	0.3	8	8	5
	总氮	mg/L	1	1.5	70	70	45
	色(度)	mg/L	50	80	50	70	60
	铬	mg/L	1.5	1.5	1.5	1.5	1.5
	铜	mg/L	0.5	1	2	2	2
	锰	mg/L	2	2	2	5	5
	锌	mg/L	2	5	5	5	5
	镍	mg/L	1	1	1	1	1
	挥发酚	mg/L	0.5	0.5	1	1	0.5

表 6-4-1 中一级指标限值采用《污水综合排放标准》GB 8978—1996 表 4 中的一级标

准（总磷、总氮除外），由于该标准中没有对总磷以及总氮提出限值要求，所以采用《地表水环境质量标准》GB 3838—2002 中表 1 的Ⅲ类水环境的指标限值。表中二级指标采用《污水综合排放标准》GB 8978—1996 中表 4 中的一级标准（总磷、总氮除外），由于该标准中没有对总磷以及总磷得到限值要求，所以采用《地表水环境质量标准》GB 3838—2002 中表 1 的Ⅳ、Ⅴ类水环境的指标限值；表中三级指标限值采用《污水排入城镇下水道水质标准》GB/T 31962—2015 中表 1 的 A、B、C 等级。

2）施工杂用水水质指标限值建议

建筑施工杂用水是指在建筑施工现场的土壤压实、灰尘抑制、混凝土冲洗、混凝土拌合的用水。

当施工杂用水用于混凝土拌合时需满足表 6-4-2 的要求

混凝土拌合用水水质要求 **表 6-4-2**

项目	预应力混凝土	钢筋混凝土	素混凝土
pH 值	≥5.0	≥4.5	≥4.5
不溶物(mg/L)	≤2000	≤2000	≤5000
可溶物(mg/L)	≤2000	≤5000	≤1000
Cl^-(mg/L)	≤500	≤1000	≤3500
SO_4^{2-}(mg/L)	≤600	≤2000	≤2700
碱含量(mg/L)	≤1500	≤1500	≤1500

第七章

应用案例

第一节　九所宾馆修缮工程

1. 项目概况

1）工程概况

九所宾馆位于长沙市芙蓉区韶山北路16号，北靠长沙市标志性公园——烈士公园，东依省委大院，南临五一大道和繁华商都，距火车站约2km（图7-1-1）。

该工程建筑结构形式为混合结构，新建建筑结构设计使用合理年限为50年，抗震设防烈度为六度，耐火等级为一级，屋面防水等级为一级，地下室防水等级为一级。新建建筑的建设，需要对原有建筑1号楼等进行拆除。

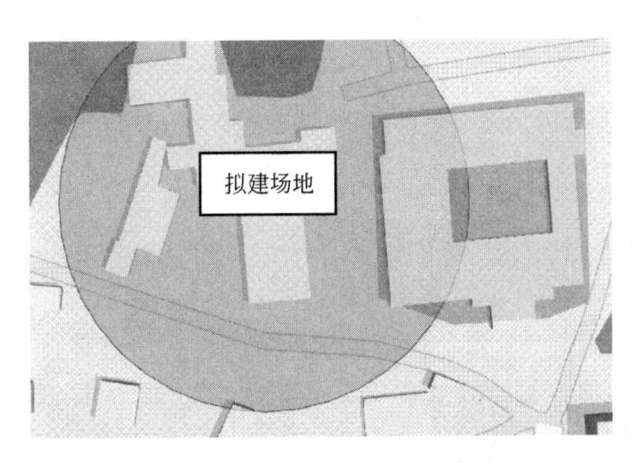

图7-1-1　工程地理位置示意图

本工程建筑面积6032.24m²（其中地上建筑面积为3241.38m²，地下建筑面积为2844.93m²，建筑总基底面积为2875.02m²），建筑层数为一层的单层公共建筑，建筑总高度17.0m。

本工程结构形式地下为混凝土框架结构，地上为钢框架结构，主体结构设计使用年限为 50 年，抗震设防烈度为 6 度，耐火等级为一级，建筑结构安全等级为二级，建筑抗震设防类别为丙类。

2）**环境概况**

（1）气象条件

长沙属亚热带季风气候，气候特征是：气候温和，降水充沛，雨热同期，四季分明。长沙市区年平均气温 17.2℃，各县为 16.8～17.3℃，年积温为 5457℃，市区年均降水量 1361.6mm，各县年均降水量 1358.6～1552.5mm。长沙夏冬季长，春秋季短，夏季 118～127 天，冬季 117～122 天，春季 61～64 天，秋季 59～69 天。春温变化大，夏初雨水多，伏秋高温久，冬季严寒少。3 月下旬至 5 月中旬，冷暖空气相互交替，形成连绵阴雨低温寡照天气。从 5 月下旬起，气温显著提高，夏季日平均气温在 30℃以上有 85 天，气温高于 35℃的炎热日，年平均约 30 天，盛夏酷热少雨。9 月下旬后，白天较暖，入夜转凉，降水量减少，低云量日多。从 11 月下旬至第二年 3 月中旬，长沙气候平均气温低于 0℃的严寒期很短暂，全年以 1 月最冷，月平均为 4.4～5.1℃，越冬作物可以安全越冬，缓慢生长。长沙常年主导风向为西北风，夏季主导风向为东南风。

（2）工程地质条件

根据野外勘察结果，结合室内土工试验成果，场地岩土层自上而下描述如下：

① 杂填土（Q4ml）①：褐黄色，中密～密实状，稍湿，主要成分为粉质黏土，少量碎石及卵石，岩芯呈散体状、土柱状，为Ⅱ类普通土。该层场地内普遍分布于表层，揭露厚度 2.8～6.8m 不等，平均厚度 4.55m。

② 粉质黏土（Q4al＋pl）②：褐灰色，硬塑状，稍湿，切面稍光滑，干强度韧性中等，手搓可呈长条状，无摇振反应，岩芯呈土柱状，采取率约 90％。根据本次勘察揭露情况，该地层场地内普遍发育，厚度一般 0.8～5.7m，平均厚度 4.01m。

③ 卵石土（Q4al＋pl）③：灰黄色，稍密～中密状，饱和，卵石成分主要为砂岩及灰岩，多呈次棱角状，泥沙充填，经 ZK1、ZK6 号孔揭露，层厚 0.7～1.2m，平均厚度 0.95m。

④ 粉质黏土（Q4el）④：褐黄色，硬塑状，稍湿，切面稍光滑，干强度韧性中等，手搓可呈长条状，无摇振反应。经 ZK2 号孔揭露，层厚 0.4m。

⑤ 强风化泥质粉砂岩（K）⑤1：紫红色，厚层状，粉砂质结构，泥质胶结，原岩结构构造大部分被破坏，取芯多为泥状，少量碎块状、短柱状，为Ⅲ类硬土。揭露厚度为 1.9～8.4m，平均厚度为 3.36m。

⑥ 中风化泥质粉砂岩（K）⑤2：紫红色，泥砂结构，厚层状构造，节理裂隙一般发育，岩芯多呈长柱状，节长一般 15～80cm，最大长度 120cm，RQD≈75，拟建场地均有分布。层厚一般 7.8～18.3m，平均厚度 14.9m，该层 ZK1 号孔未揭露；岩石基本质量等级为Ⅴ级。

⑦ 强风化砂砾岩（K）⑥1：褐红色，厚层状，泥质胶结，原岩结构构造大部分被破

坏，取芯多呈泥砂状，少量碎块状，经 ZK1 号孔揭露，厚度为 8.7m。

⑧ 中风化砂砾岩（K）⑥2：褐红色，厚层状，泥质胶结，节理裂隙较发育，岩芯多呈短柱状及柱状，节长一般 5～30cm，最大长度 35cm，RQD≈25。拟建场地大部分有分部，平均厚度为 8.28m；岩石基本质量等级为Ⅴ级。

（3）地下水

场地水文地质条件属简单类型。场地地下水主要类型为赋存与素填土①、粉质黏土②中的上层滞水。稳定水位在 0.6～11.2m，相当于高程 33.93～37.82m，水量不丰富，对本项目影响较小。场地内未见地表水体，地下水水位变化幅度在 1.0m 左右。

场地及周围无地下水污染源。根据勘察报告试验分析结果，场区地下水及土壤对混凝土微侵蚀性、对混凝土中的钢筋微腐蚀性。

2. 监测依据

（1）中华人民共和国大气污染防治法；
（2）《大气污染物综合排放标准》GB 16297—1996；
（3）《建筑工程绿色施工评价标准》GB/T 50640—2010；
（4）《粉尘作业场所危害程度分级》GB/T 5817—2009；
（5）《环境空气质量标准》GB 3095—2012；
（6）《工作场所有害因素职业接触限值 第一部分：化学有害因素》GBZ 2.1—2007；
（7）《建筑工程绿色施工规范》GB/T 50905—2014；
（8）《环境空气质量监测点位布设技术规范（试行）》HJ 664—2013；
（9）《大气污染物无组织排放监测技术导则》HJ/T 55—2000；
（10）《建设工程施工现场环境与卫生标准》JGJ 146—2013；
（11）《环境空气质量指数（AQI）技术规定（试行）》HJ 633—2012；
（12）《环境空气质量功能区划分原则与技术方法》HJ/T 14—1996；
（13）《建筑施工颗粒物控制标准》DB 31/964—2016；
（14）《民用建筑工程室内环境污染控制规范》GB 50325—2010；
（15）《室内空气质量标准》GB/T 18883—2002；
（16）《室内装饰装修材料 内墙涂料中有害物质限量》GB 18582—2008；
（17）《声环境质量标准》GB 3096—2008；
（18）《建筑施工场界环境噪声排放标准》GB 12523—2011；
（19）《社会生活环境噪声排放标准》GB 22337—2008；
（20）《建筑照明设计标准》GB 50034—2013；
（21）《室外照明干扰光限制规范》DB 11/T 731—2010；
（22）《城市夜景照明设计规范》JGJ/T 163—2008；
（23）国家或行业其他测量规范、强制性标准；

（24）九所宾馆修缮工程相关设计图纸；

（25）九所宾馆修缮工程现场监测方案。

3. 监测目的

近几年来，随着我国经济的发展，基础建设的进行，在城市中出现越来越多的建筑工地，同时夜间施工的现象也常常可见。建筑施工噪声能够导致作业工人与周边居民听力下降、注意力不集中、心烦意乱、影响工作效率、妨碍休息和睡眠等问题，进而导致其身体健康受到损害，工作效率下降，增加作业人员其在作业过程中发生安全事故的概率。同时，建筑夜间施工对周围居住区产生了严重的光污染。

随着我国大多数城市雾霾现象急剧增加，严重制约社会经济可持续发展战略的推行与实施，据中国环境卫生协会调查指出，目前我国有 2/3 的城市空气颗粒污染指数超过了国家界定的二级标准范围，成为城市空气污染的首要污染源。通过对我国多个城市环境空气颗粒进行采样分析发现，建筑施工扬尘是城市颗粒污染物污染的主要来源之一。建筑施工扬尘导致人体各种肺部疾病、造成城市视觉污染、导致酸雨等，同时，建筑施工有害气体也对现场施工人员身体造成较大危害。

本书以施工全过程中噪声污染、光污染、扬尘及有害气体的产生和传播为研究对象，探究噪声污染、光污染、扬尘及有害气体产生和传播的相关规律，以绿色施工环境保护为目标，为施工现场噪声污染、光污染、扬尘及有害气体的监测与控制提供理论和实践依据。通过对典型施工项目进行实地调研，并在施工全过程中对建筑工程项目内部及周边进行噪声污染、光污染、扬尘及有害气体监测，依托成熟的结构风工程理论和城市风工程理论，再结合计算机模拟技术进行辅助建模，采用数值模拟与实测项目的方法，对噪声污染、光污染、施工扬尘及有害气体的形成机理、影响范围及危害进行研究，总结施工现场噪声污染、光污染、扬尘及有害气体污染防控办法及具体控制指标，为其他施工现场噪声污染、光污染、风环境模拟、扬尘及有害气体的监测和控制提供参考与借鉴。

4. 监测工作进展情况

1）监测仪器情况

（1）噪声污染

九所宾馆修缮工程监测的施工阶段为主体结构施工阶段及 3 号楼的装饰装修阶段，监测方法为手持仪器监测，监测仪器如表 7-1-1 所示。

噪声监测仪器统计表 **表 7-1-1**

序号	名称	型号	数量	可测指标	厂家
1	噪声分析仪	AWA6270＋	5	等效 A 声级	杭州爱华仪器有限公司

（2）扬尘污染

九所宾馆修缮工程监测的施工阶段为主体结构施工阶段及3号楼的装饰装修阶段，监测方法为手持仪器监测，监测仪器如表7-1-2所示。

扬尘监测仪器统计表 表7-1-2

序号	名称	型号	数量	可测指标	厂家
1	便携式粉尘检测仪	PC－3A(Ⅰ)	1	$PM_{2.5}$ 和 PM_{10}	青岛路博伟业环保科技有限公司
2	便携式粉尘检测仪	PC－3A(Ⅱ)	1	TSP	

（3）光污染

九所宾馆修缮工程监测的施工阶段为主体结构施工阶段及3号楼的装饰装修阶段，监测方法为手持仪器监测，监测仪器如表7-1-3所示。

光污染监测仪器统计表 表7-1-3

序号	名称	型号	数量	可测指标	厂家
1	MK350S手持式照度计	MK350S	2	照度	台湾UPRtek有限公司

（4）有害气体污染

九所宾馆修缮工程监测的施工阶段为主体结构施工阶段及3号楼的装饰装修阶段，监测方法为手持仪器监测，监测仪器如表7-1-4所示。

有害气体污染监测仪器统计表 表7-1-4

序号	名称	型号	可测指标	数量	厂家
1	复合式多气体检测仪	BH-4	CO、CH_4、H_2S、NO_2	1	河南保时安电子科技有限公司
2	复合式多气体检测仪	BH-4	NH_3、SO_2、O_3、甲硫醇	1	
3	便携式气体检测仪	BH-90	VOC	1	
4	便携式气体检测仪	BH-90	甲醛	1	
5	便携式气体检测仪	BH-90	苯	1	
6	手持式气象站	FB-10	气压、风速、温度、湿度、风向	1	青岛聚创环保设备有限公司

2）**测点布置情况**

（1）噪声污染

根据九所宾馆修缮工程五类污染物现场监测方案及相关监测规范，在九所宾馆修缮工程主体施工阶段设置了如图7-1-2所示的测点，相关测点说明如表7-1-5所示。

（2）扬尘污染

根据九所宾馆修缮工程五类污染物现场监测方案及相关监测规范，在九所宾馆修缮工程主体施工阶段设置了如图7-1-3所示的测点，相关测点说明如表7-1-6所示。

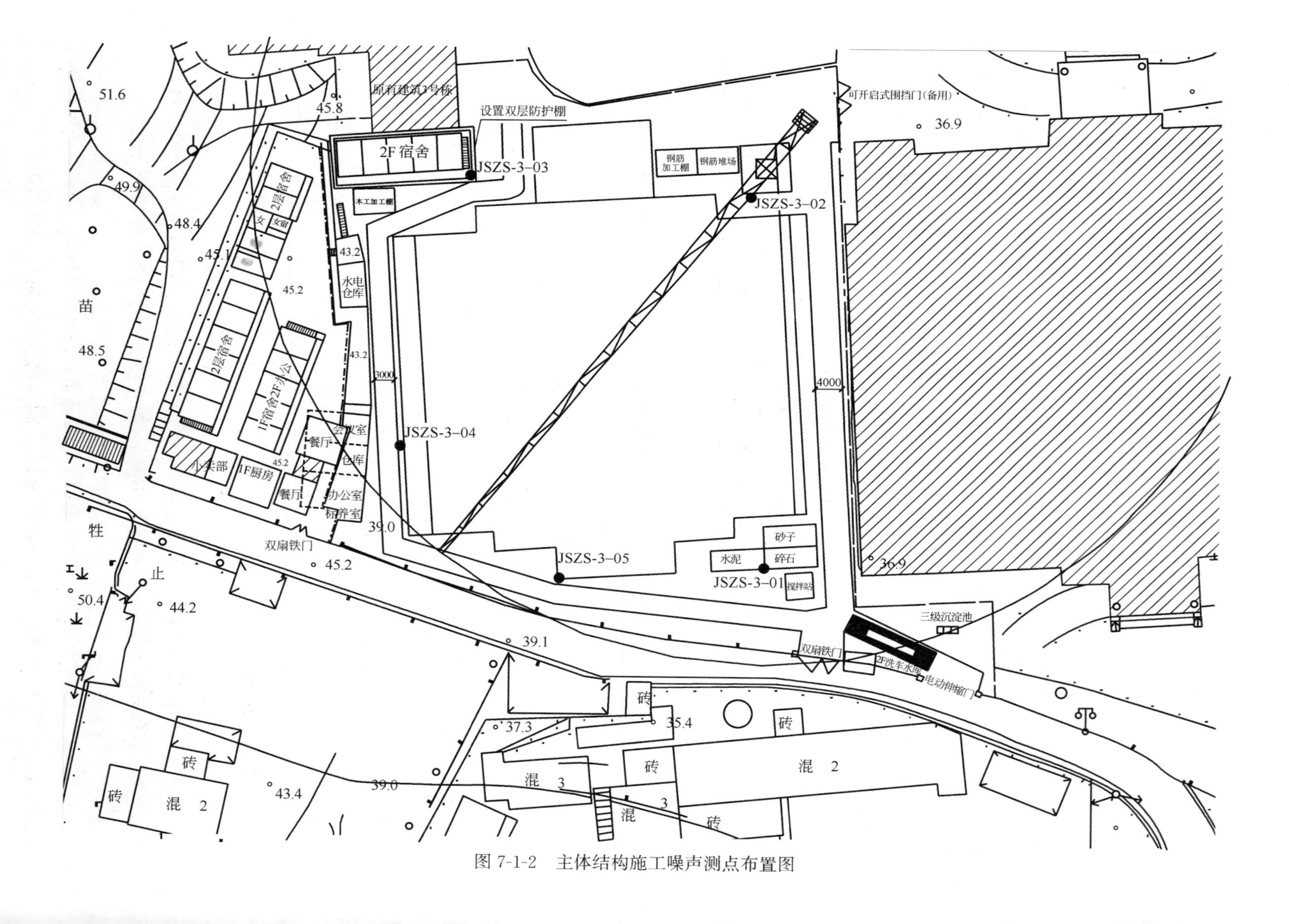

图 7-1-2 主体结构施工噪声测点布置图

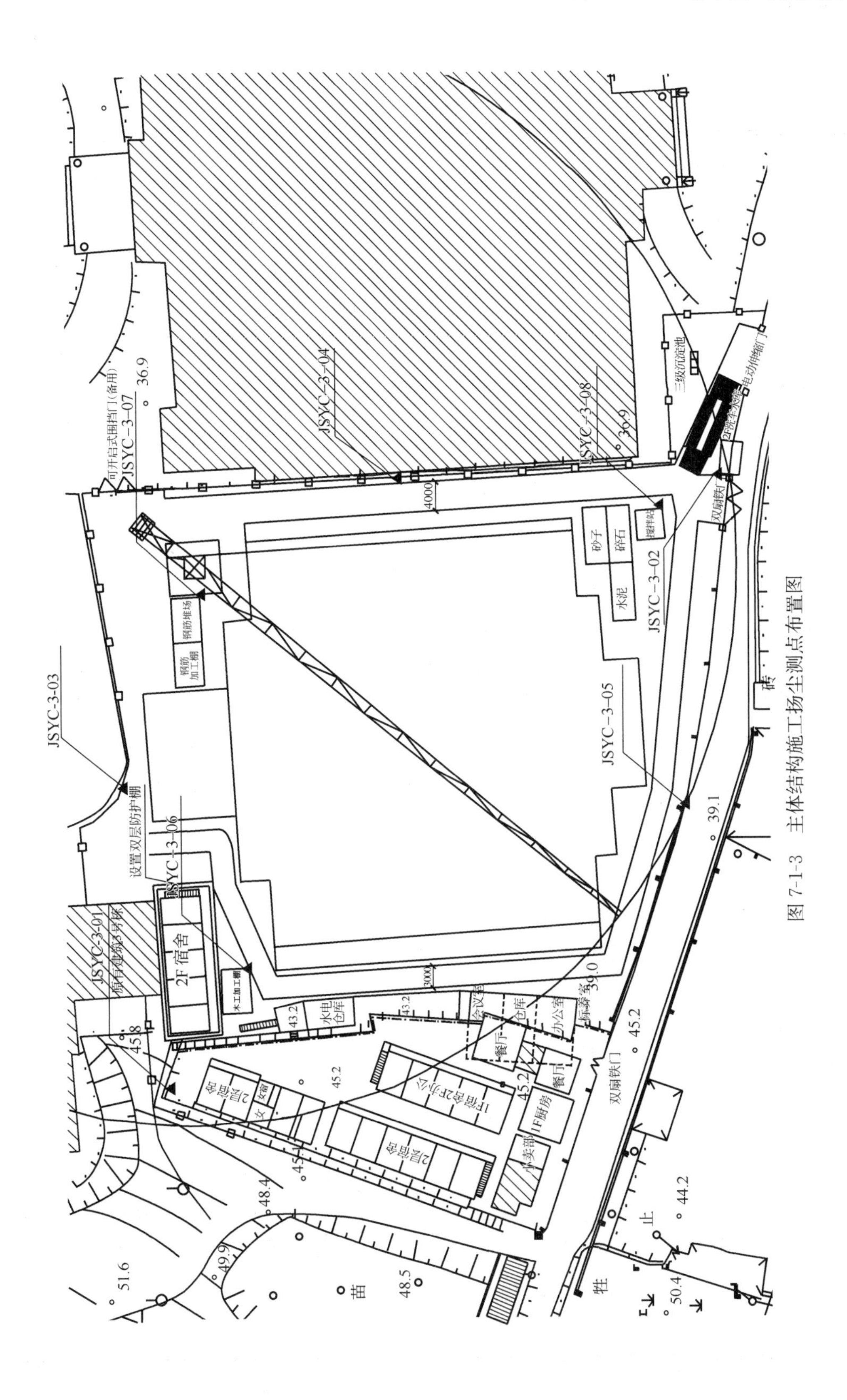

图 7-1-3　主体结构施工扬尘测点布置图

噪声测点布置及要求 **表 7-1-5**

施工阶段	测点编号	测点说明	监测频次
主体结构施工阶段	JSZS-3-01	位于项目东南角门卫室，放置高度 1.2m 以上	测量选择在无雨、无雪的气候中进行，风速小于 5 m /s。分为昼间和夜间两部分，昼间一般为 9：00～22：00，夜间一般为 22：00 以后。 从 9：00～22：00，每天根据施工情况至少选取 3 个测量时段，随机选取 20min 测量该段时间内的等效 A 声级
	JSZS-3-02	位于项目东北角围挡门附近，靠近围挡，置于围挡上沿高度处	
	JSZS-3-03	位于项目周围原有建筑 3 室内东南角房间的窗台上	
	JSZS-3-04	位于项目会议室门前，可置于窗台	
	JSZS-3-05	位于围挡外道路边的亭子顶面，从围挡外防置	

扬尘测点布置方案说明表 **表 7-1-6**

施工阶段	测点编号	测点说明	监测频次
主体结构施工阶段	JSYC-3-01	采用手持设备监测，位于施工场地周界、主导风向上风向处，作为场地背景扬尘浓度监测点	监测活动期间，监测频次为每天 3 次，时间为每天 8 时、13 时、18 时，每次 15min
	JSYC-3-02	采用手持设备监测，位于施工场地周界、主导风向下风向处，可对主体结构施工阶段的扬尘污染最不利情况进行评价，其监测值与场地背景(JSYC-3-01)扬尘浓度值之差可以认为是主体结构施工阶段产生的扬尘浓度，作为场地最不利扬尘浓度监测点	监测活动期间，监测频次为每天 3 次，时间为每天 8 时、13 时、18 时，每次 15min
	JSYC-3-03	采用手持设备监测，位于主体结构施工区北边界处，可对主体结构施工阶段的扬尘污染情况进行评价，作为主体结构施工区北边界的扬尘浓度监测点	监测活动期间，监测频次为每天 3 次，时间为每天 8 时、13 时、18 时，每次 15min

续表

施工阶段	测点编号	测点说明	监测频次
主体结构施工阶段	JSYC-3-04	采用手持设备监测，位于主体结构施工区东边界处，可对主体结构施工阶段的扬尘污染情况进行评价，作为主体结构施工区东边界的扬尘浓度监测点	监测活动期间，监测频次为每天3次，时间为每天8时、13时、18时，每次15min
	JSYC-3-05	采用手持设备监测，位于主体结构施工区南边界处，可对主体结构施工阶段的扬尘污染情况进行评价，作为主体结构施工区南边界的扬尘浓度监测点	监测活动期间，监测频次为每天3次，时间为每天8时、13时、18时，每次15min
	JSYC-3-06	采用手持设备监测，位于木工加工区，可对木工加工区的扬尘污染情况进行评价，作为主体结构施工阶段木工加工区的扬尘浓度监测点	进行作业时才监测，分别在作业开始前、作业进行中和作业完成后监测，每次监测15min，共3次
	JSYC-3-07	采用手持设备监测，位于钢筋加工区，可对钢筋加工区的扬尘污染情况进行评价，作为主体结构施工阶段钢筋加工区的扬尘浓度监测点	进行作业时才监测，分别在作业开始前、作业进行中和作业完成后监测，每次监测15min，共3次
	JSYC-3-08	采用手持设备监测，位于搅拌站处，可对搅拌站的扬尘污染情况进行评价，作为主体结构施工阶段搅拌站的扬尘浓度监测点	进行作业时才监测，分别在作业开始前、作业进行中和作业完成后监测，每次监测15min，共3次

（3）光污染

根据九所宾馆修缮工程五类污染物现场监测方案及相关监测规范，在九所宾馆修缮工程主体施工阶段设置了如图7-1-4所示的测点，相关测点说明如表7-1-7所示。

（4）有害气体污染

根据九所宾馆修缮工程五类污染物现场监测方案及相关监测规范，在九所宾馆修缮工程主体施工阶段设置了如图7-1-5所示的测点，相关测点说明如表7-1-8所示。

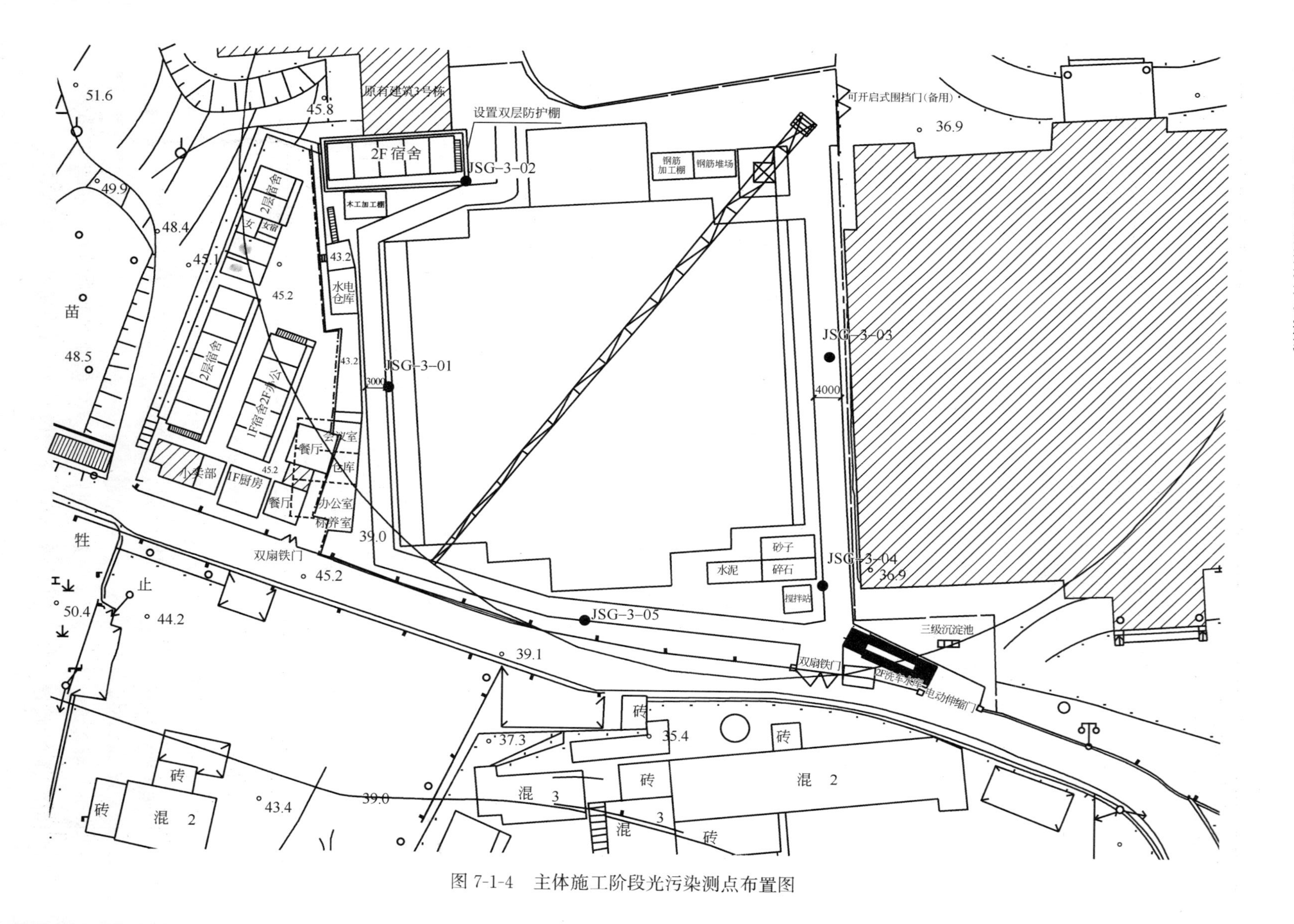

图 7-1-4　主体施工阶段光污染测点布置图

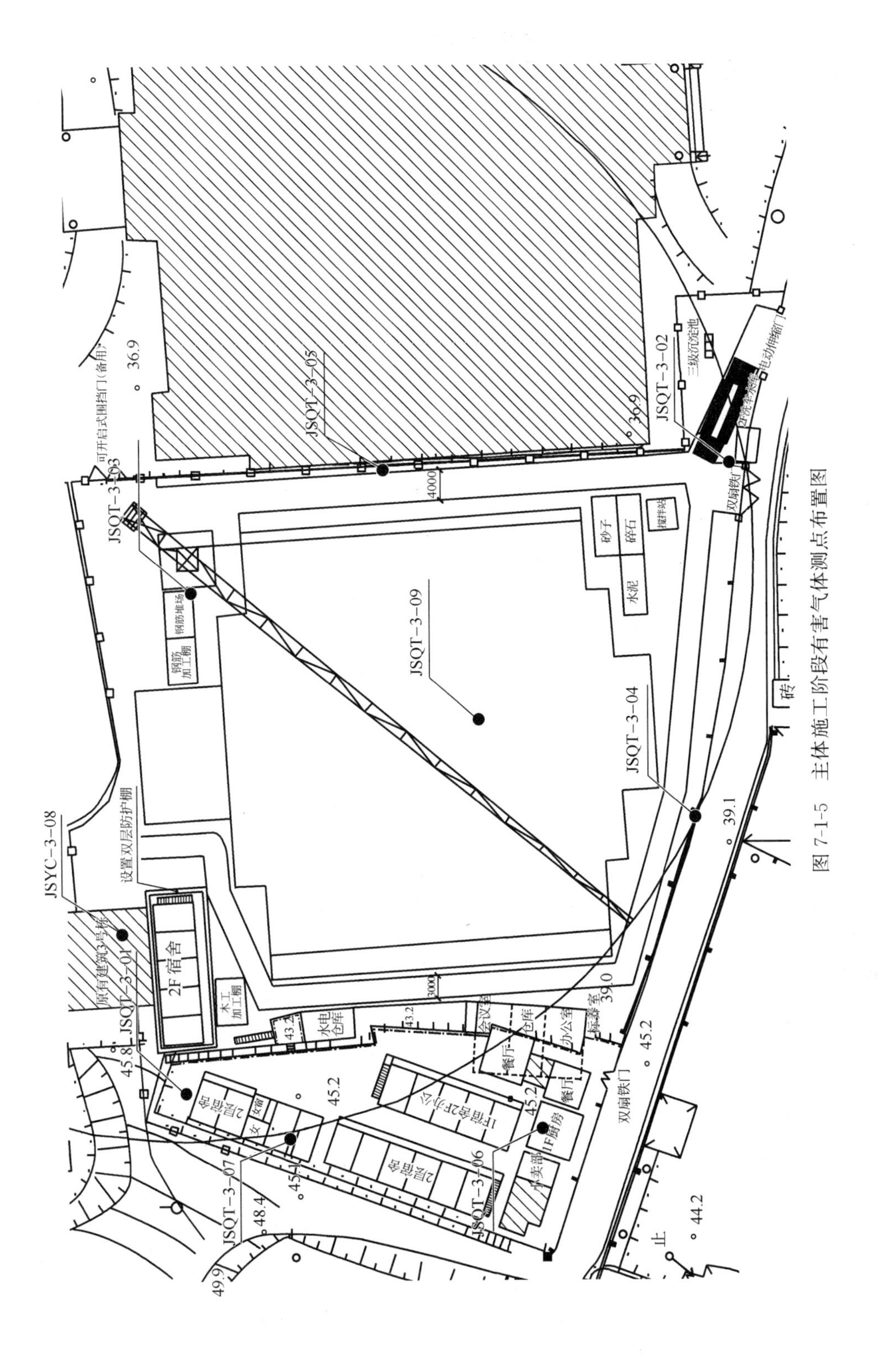

图 7-1-5　主体施工阶段有害气体测点布置图

光污染测点布置及要求　　表 7-1-7

施工阶段	测点编号	测点说明	监测频次
主体结构施工阶段	JSG-3-01	位于项目西边会议室的窗户	测量应在正常气候情况下进行，无极端天气及降雨出现，防止因极端天气的影响造成检测结果不能得出正常状况下的污染量。测试时间：夏季在 8：30 后，冬季在 7：00 后进行，每天测试次数为 1 次，选取 3 天进行测试
	JSG-3-02	位于项目西北角 3 号楼建筑的一楼靠近场地的窗户	
	JSG-3-03	位于项目场地东边宾馆中间，选取一楼的窗户作为测点	
	JSG-3-04	位于项目东南角门卫处窗户	
	JSG-3-05	位于项目南边围挡处墙壁	

有害气体测点布置说明图　　表 7-1-8

施工阶段	测点编号	测点说明	监测频次
主体结构施工阶段	JSQT-3-01	项目现场主导风向上风向对照点，位于施工场地边界，作为项目主体结构施工阶段的有害气体浓度背景点	施工活动期间，监测频次为每天 3 次，时间为每天 8 时、13 时、18 时，每次 15min
	JSQT-3-02	项目现场主导风向下风向监测点，位于施工场地边界，其值可对主体结构施工阶段有害气体污染情况进行评价	施工活动期间，监测频次为每天 3 次，时间为每天 8 时、13 时、18 时，每次 15min
	JSQT-3-03	项目现场钢筋等物料加工区有害气体污染源监测点，位于项目右上部物料堆场及加工区的下风向区，其值可对主体结构施工阶段中钢筋等物料加工区有害气体污染情况进行评价	施工活动期间，监测频次为每天 3 次，时间为每天 8 时、13 时、18 时，每次 15min，具体时间可以根据实际施工情况进行调整
	JSQT-3-04	项目现场施工道路监测点，位于施工现场南向施工围墙上，其值可对主体结构施工阶段中该段施工道路有害气体污染情况进行评价	施工活动期间，监测频次为每天 3 次，时间为每天 8 时、13 时、18 时，每次 15min
	JSQT-3-05	项目现场施工道路监测点，位于施工现场右侧施工道路上，其值可对主体结构施工阶段中该段施工道路有害气体污染情况进行评价	施工活动期间，监测频次为每天 3 次，时间为每天 8 时、13 时、18 时，每次 15min
	JSQT-3-06	项目生活区厨房监测点，采用固定仪器连续监测，其值可对生活区中厨房油烟污染情况进行评价	自动监测

续表

施工阶段	测点编号	测点说明	监测频次
主体结构施工阶段	JSQT-3-07	项目生活区卫生间监测点，其值可对生活区中卫生间有害气体污染情况进行评价	施工活动期间，监测频次为每天3次，时间为每天8时、13时、18时，每次15min
	JSQT-3-08	项目西北向原有的3号楼装修阶段监测点，其具体布点位置需要根据主体内部平面布置图、装修方案及室内监测布点原则进行布置，其值可对3号楼装修阶段中不同位置有害气体污染情况进行评价	施工活动期间，监测频次为每天三次，时间为每天8时、13时、18时，每次15min，具体时间可以根据实际施工情况进行调整
	JSQT-3-09	项目现场主体施工区内部监测点，其具体布点位置需要根据主体内部平面布置图及室内监测布点原则进行布置，其值可对主体结构中不同位置有害气体污染情况进行评价	施工活动期间，监测频次为每天三次，时间为每天8时、13时、18时，每次15min，具体时间可以根据实际施工情况进行调整

3）**监测点保护与恢复**

（1）用编号贴纸及警示贴纸标示测点位置。标号贴纸包括项目名称及测点编号，以白底绿字进行标示，贴于监测平台。警示贴纸包括警示标语，以黄底红字进行标示，贴在监测点下方围挡或墙壁。

（2）加强现场施工工人对测点的保护意识，安排专人巡查记录，如一旦发现测点被破坏，立即组织人员进行修复，条件允许情况下24h以内恢复测点。

5. 监测结果及评价

九所宾馆修缮工程中进行了四次完整的监测，监测的施工阶段为主体结构施工阶段及旁边3号楼的装饰装修阶段，监测方法为手持仪器监测。

1）**噪声污染**

根据九所宾馆修缮工程五类污染物现场监测方案及相关监测规范，在九所宾馆修缮工程主体施工测点的监测数据如表7-1-9和表7-1-10所示。噪声污染监测仪器及施工现场照片如图7-1-6所示。

1号测试点位于场地东南角的围挡上方，围挡东边是正在营业的宾馆，属于1类声环境功能区。白天测得1号测试点等效A声级数据分别为71.5dB（A）、72dB（A）、69.8dB（A）、70.2dB（A）、60.7dB（A），最大值为72dB（A），利用中午休息时停工的时间测得背景噪声的等效A声级为54.3dB（A），选取最大值72dB（A）大于白天建筑施工场界噪声限值57dB（A），故超标。

夜晚测得1号测试点等效A声级数据分别为57dB（A）、55.2dB（A）、54.4dB（A），最大值为57dB（A），停工后的测得背景噪声的等效A声级为40dB（A），选取最大值57dB（A）大于夜晚建筑施工场界噪声限值49dB（A），故超标。

2号测试点位于东北角保安亭，保安亭后面是宾馆，属于1类声环境功能区。白天测得2号测试点等效A声级数据分别为70.1dB（A）、73.4dB（A）、68dB（A）、67.6dB（A）、64.3dB（A），最大值为73.4dB（A），利用中午休息时停工的时间测得背景噪声的等效A声级为53.1dB（A），选取最大值73.4dB（A）大于白天建筑施工场界噪声限值57dB（A），故超标；夜晚测得2号测试点等效A声级数据分别为62.4dB（A）、62.3dB（A）、52.9dB（A），最大值为62.4dB（A），停工后的测得背景噪声的等效A声级为40dB（A），选取最大值62.4dB（A）大于夜晚建筑施工场界噪声限值49dB（A），故超标。

3号测试点位于西北角拐角处，拐角处是正在室内装修的3号建筑施工地，属于1类声环境功能区。白天测得3号测试点等效A声级数据分别为72.2dB（A）、70.3dB（A）、71.7dB（A）、67.5dB（A）、64.9dB（A），最大值为72.2dB（A），利用中午休息时停工的时间测得背景噪声的等效A声级为64.5dB（A），选取最大值72.2dB（A）大于白天建筑施工场界噪声限值57dB（A），故超标；夜晚测得3号测试点等效A声级数据分别为58dB（A）、51.3dB（A）、53.1dB（A），最大值为58dB（A），停工后的测得背景噪声的等效A声级为40dB（A），选取最大值为58dB（A）大于夜晚建筑施工场界噪声限值49dB（A），故超标。

4号测试点位于西边会议室上方，会议室属于1类声环境功能区。测得4号测试点等效A声级数据分别为65.4dB（A）、62.2dB（A）、69.5dB（A）、65.6dB（A）、66.9dB（A），最大值为69.5dB（A），利用中午休息时停工的时间测得背景噪声的等效A声级为56.7dB（A），选取最大值69.5dB（A）大于白天建筑施工场界噪声限值57dB（A），故超标；夜晚测得4号测试点等效A声级数据分别为56.7dB（A）、55dB（A）、55.6dB（A），最大值为56.7dB（A），停工后的测得背景噪声的等效A声级为40dB（A），选取最大值为56.7dB（A）大于夜晚建筑施工场界噪声限值49dB（A），故超标。

5号测试点位于场地南边围挡下方，围挡外是车行较少的道路，属于2类声环境功能区。测得5号测试点等效A声级数据分别为72.6dB（A）、72.7dB（A）、71.1dB（A）、62.9dB（A）、60dB（A），最大值为72.7dB（A），利用中午休息时停工的时间测得背景噪声的等效A声级为51.8dB（A），选取最大值72.7dB（A）高于白天建筑施工场界噪声限值67dB（A），故超标；夜晚测得5号测试点等效A声级数据分别为56.7dB（A）、59.1dB（A）、54.4dB（A），最大值为59.1dB（A），停工后的测得背景噪声的等效A声级为40dB（A），选取最大值为59.1dB（A）高于夜晚建筑施工场界噪声限值52dB（A），故超标。

九所宾馆修缮工程目前属于主体结构施工阶段，白天施工现场噪声源主要为混凝土搅拌机、振动棒、电锯、切割机、起重机、升降机及各种发电机、运输车辆等，晚上施工现场噪声源主要为起重机、升降机及各种发电机、运输车辆等。

测试仪器的选择合理，测试点包含施工现场各个边，与施工现场附近重要建筑较近，布置较为合理、便捷。总体分析来看，白天，场地 5 个监测点数据（1 号监测点、2 号监测点、3 号监测点、4 号监测点、5 号监测点）超过施工场界噪声限值，总体来说超标；晚上，场地 5 个监测点数据（1 号监测点、2 号监测点、3 号监测点、4 号监测点、5 号监测点）超过施工场界噪声限值，总体来说超标。

目前来看超标的几个监测点离几个重要建筑物较近，这几个建筑物的声环境功能区对于噪声的敏感度比较高，故而容易超标。

针对夜间最大声级评价这一标准，夜间施工过程记录噪声最大瞬时声级，其值超过限值的幅度不得高于 15dB（A），因此几个时间段的测点也超标。

施工现场布置及现场施工的时候，可以考虑提前分析周围建筑及状况，把大型噪声源相对远离，1 类声环境功能区，尽量布置，集中在 2 类的声环境功能区内，减小对声音敏感场所的影响。并且制定合理的施工计划，大型噪声源避免晚上开工或者减少开工时间，夜间 10 点前尽早停工。

(*a*)　(*b*)　(*c*)

(*d*)　(*e*)　(*f*)

图 7-1-6　噪声污染监测仪器及施工现场照片

九所宾馆修缮工程噪声污染昼间监测结果　　表 7-1-9

评价结果										
项目名称		九所宾馆修缮工程								
施工阶段		主体结构施工阶段及地下室的土方回填阶段								
日期:5 月 13 日 白天		时间段	L_{Aeq}	L_{Amax}	背景噪声 dB(A)	修正后测试值 dB(A)	所处声功能区	标准要求 dB(A)	达标与否	备注
JSZS-3-01	昼间	10：00～10：20	71.5	白天不需要测	54.3	不需要修正	1 类声功能区	57	否	
		10：20～10：40	72			不需要修正			否	
		10：40～11：00	69.8			不需要修正			否	
		11：00～11：20	70.2			不需要修正			否	
		11：00～11：40	60.7			59.7			否	
	夜间									
JSZS-3-02	昼间	10：00～10：20	70.1	白天不需要测	53.1	不需要修正	1 类声功能区	57	否	
		10：20～10：40	73.4			不需要修正			否	
		10：40～11：00	68			不需要修正			否	
		11：00～11：20	67.6			不需要修正			否	
		11：00～11：40	64.3			不需要修正			否	
	夜间									
JSZS-3-03	昼间	10：00～10：20	72.2	白天不需要测	64.5	71.2	1 类声功能区	57	否	
		10：20～10：40	70.3			68.3			否	
		10：40～11：00	71.7			70.7			否	
		11：00～11：20	67.5			64.5			否	
		11：00～11：40	64.9			应降低环境噪声			否	
	夜间									
JSZS-3-04	昼间	10：00～10：20	65.4	白天不需要测	56.7	64.4	1 类声功能区	57	否	
		10：20～10：40	62.2			60.2			否	
		10：40～11：00	69.5			不需要修正			否	
		11：00～11：20	65.6			64.6			否	
		11：00～11：40	66.9			不需要修正			否	
	夜间									
JSZS-3-05	昼间	10：00～10：20	72.6	白天不需要测	51.8	不需要修正	2 类声功能区	67	否	
		10：20～10：40	72.7			不需要修正			否	
		10：40～11：00	71.1			不需要修正			否	
		11：00～11：20	62.9			不需要修正			是	
		11：00～11：40	60			59			是	
	夜间									

九所宾馆修缮工程噪声污染夜间监测结果　　表 7-1-10

评价结果										
项目名称		九所宾馆修缮工程								
施工阶段		主体结构施工阶段								
日期:5 月 14 日 夜间		时间段	L_{Aeq}	L_{Amax}	背景噪声 dB(A)	修正后测试值 dB(A)	所处声 功能区	标准要求 dB(A)	达标 与否	备注
JSZS-3-01	昼间									
	夜间	21：00～21：20	57	82.2		不需要修正			否	
		21：20～21：40	55.2	75.6	40	不需要修正	1 类声功能区	49	否	
		21：40～22：00	55.4	73.3		不需要修正			否	
JSZS-3-02	昼间									
	夜间	21：00～21：20	62.4	89.8		不需要修正			否	
		21：20～21：40	62.3	93.5	40	不需要修正	1 类声功能区	49	否	
		21：40～22：00	52.9	72.9		不需要修正			否	
JSZS-3-03	昼间									
	夜间	21：00～21：20	58	86.6		不需要修正			否	
		21：20～21：40	51.3	72.0	40	不需要修正	1 类声功能区	49	否	
		21：40～22：00	53.1	75.0		不需要修正			否	
JSZS-3-04	昼间									
	夜间	21：00～21：20	56.7	81.0		不需要修正			否	
		21：20～21：40	55	79.9	40	不需要修正	1 类声功能区	49	否	
		21：40～22：00	56.6	75.8		不需要修正			否	
JSZS-3-05	昼间									
	夜间	21：00～21：20	56.7	77.0		不需要修正			否	
		21：20～21：40	59.1	82.1	40	不需要修正	2 类声功能区	52	否	
		21：40～22：00	54.4	76.1		不需要修正			否	

2）**扬尘污染**

根据九所宾馆修缮工程五类污染物现场监测方案及相关监测规范，在九所宾馆修缮工程主体施工测点的扬尘污染监测仪器及施工现场照片如图 7-1-7 所示。

① 5 月 8 日监测结果

九所宾馆修缮工程当天正在进行的是主体结构施工阶段及地下室的土方回填，旁边的 3 号楼进行装饰装修。主体结构施工主要进行脚手架安装、钢柱吊装及钢结构的焊接，现场东侧和南侧道路各有一台挖掘机进行填挖方作业，东侧道路挖出的土方将用于南侧地下室的填方，场间有三辆土方运输车辆进行土方运输工作，作业期间肉眼可见扬尘较多。现场东大门有一台塔式起重机进行钢柱吊装。监测期间位于场地东侧的钢筋加工区并未进行大面积钢筋及其他物料的加工活动，仅在主体结构内部施工区存在木模板切割加工及钢结构焊接等施工活动，其中，木模板切割加工产生的木屑及钢结构焊接产生的烟尘较大，但并未见施工人员有相应的防护措施，主体结构内部施工区东侧有施工人员正在进行砌体结构施工。3 号楼内部装饰装修主要进行墙纸铺贴、木材切割及部分墙面修补工作。

现场脚手架施工人员有 13 人，木模板加工人员有 3 人，钢结构焊接施工人员有 2 人，土方填挖作业人员有 8 人，砌体结构施工人员有 4 人，3 号楼内装饰装修施工人员有 10 人，现场其他工作人员约 30 人。

根据现场实测的扬尘浓度值，整个主体施工区和 3 号楼的装饰装修阶段监测到 TSP、PM_{10} 和 $PM_{2.5}$ 浓度值均大于对照点，对照点的 TSP 浓度值为 19μg/cm^3，PM_{10} 浓度值为 18μg/cm^3，$PM_{2.5}$ 浓度值为 13μg/cm^3。位于场地夏季主导风向下风向的 2 号测点为主体施工区所测得的最大浓度值，TSP 浓度值为 52μg/cm^3，PM_{10} 浓度值为 44μg/cm^3，$PM_{2.5}$ 浓度值为 30μg/cm^3，而位于上风向、离污染源最近的 5 号点目测扬尘高度最高，为 2m，但是该测点的 TSP、PM_{10} 和 $PM_{2.5}$ 的实测值均不是最大值。而 3 号楼的装饰装修阶段监测到的 TSP 浓度值为 87μg/cm^3，PM_{10} 浓度值为 73μg/cm^3，$PM_{2.5}$ 浓度值为 49μg/cm^3，室内装修作业人员较少，但由于是密闭空间，其养成浓度为本次实测最大值，但未超过限值，满足空气质量要求。

② 5 月 11 日监测结果

九所宾馆修缮工程现在正在进行的是主体结构施工阶段，主体结构南侧存在部分地下室的土方回填作业。

主体结构施工主要进行的是脚手架安装、砌体结构施工，主体结构南侧存在部分地下室的土方回填作业。现场东大门处有一台塔式起重机，今天进行的是脚手架施工所用材料的吊装工作。南侧道路的混凝土临时搅拌站全天都在进行混凝土搅拌工作。监测期间位于场地东侧的钢筋加工区并未进行大面积钢筋及其他的物料加工活动，主体结构内部施工区东侧及西侧有施工人员正在进行砌体结构施工。

现场脚手架施工人员有 10 人，土方填挖作业人员有 3 人，砌体结构施工人员有 20 人，混凝土搅拌站施工人员有 2 人，吊装作业人员有 4 人，现场其他工作人员约 10 人。

根据现场实测的扬尘浓度值，整个主体施工区测到的 TSP、PM_{10} 和 $PM_{2.5}$ 浓度值在三个测量时段均不同。

第一时段（11：04～13：30，多云，温度 28.6℃，湿度 71.2%，气压 1006hPa，风速 1.2m/s）：对照点 TSP 浓度值为 63μg/cm^3、PM_{10} 浓度值为 38μg/cm^3、$PM_{2.5}$ 浓度值为 27μg/cm^3，各测点浓度值均大于对照点。位于场地夏季主导风向下风向的 2 号测点为主体施工所测得的最大浓度值，TSP 浓度值为 79.4μg/cm^3、PM_{10} 浓度值为 49.7μg/cm^3、$PM_{2.5}$ 浓度值为 34.3μg/cm^3，但未超过限值，满足空气质量要求。

第二时段（14：48～16：57，多云，温度 31.7℃，湿度 64.4%，气压 1003.3hPa，风速 0.5m/s）：对照点浓度值同第一时段，各测点浓度值均低于对照点浓度值，满足空气质量要求。

第三时段（18：02～19：34，多云转雨，温度 28.8，湿度 73.3%，气压 1002.3hPa，风速 0.3m/s）：对照点浓度偏高，分为 TSP 114μg/cm^3、PM_{10} 57μg/cm^3、$PM_{2.5}$ 43μg/cm^3，现场几乎无风速测点的各浓度值均大于对照点并超过限值，不满足空气质量要求。

(a) (b) (c)

(d) (e) (f)

图 7-1-7 扬尘污染监测仪器及施工现场

3）**光污染**

测量选取在正常气候情况下进行，测试时间夏季在 10：00 之后，对每一个测点，用垂直照度计点进行检测，测试次数为 3 次。在检测过程中，应将居室内灯光关闭，记录数据，求平均值即可。监测数据如表 7-1-11 所示，在九所宾馆修缮工程主体施工测点的光污染监测仪器及施工现场照片如图 7-1-8 所示。

光污染监测结果 **表 7-1-11**

项目名称	九所宾馆修缮工程				
环境亮度类型	低亮度区域 E2				
居住区光干扰评价					
窗户	熄灯前平均照度值(lx)	控制指标(lx)	熄灯后平均照度值(lx)	控制指标(lx)	是否达标
JSG-3-01	3.9	≤5	无施工	≤1	达标
JSG-3-02	4.9	≤5	无施工	≤1	达标
JSG-3-03	4.2	≤5	无施工	≤1	达标
JSG-3-04	4.1	≤5	无施工	≤1	达标
JSG-3-05	4.8	≤5	无施工	≤1	达标
综合评价	/	/			达标
夜空光污染评价					
灯具编号	上射光比例	控制指标	是否达标		
灯 1	0	≤5	达标		
灯 2	0	≤5	达标		
灯 3	0	≤5	达标		
灯 4	0	≤5	达标		
综合评价	/		达标		

(*a*)

(*b*)

图 7-1-8 光污染监测仪器及施工现场

1 号测点位于项目西边会议室的窗户上，会议室所对应的是居住区、医院等，属于低亮度区域的环境亮度类型，代号为 E2，对应熄灯时段前的 E2，限值为 5lx，测得 1 号测试点垂直照度为 3.9lx、4.0lx 和 3.8lx，求得平均照度值为 3.9lx，低于限值 5lx，因此此处没有受到光污染。

2号测点位于项目西北角3号楼建筑的一楼窗户，3号楼是宾馆，宾馆属于低亮度区域的环境亮度类型，代号为E2，对应熄灯时段前的E2，限值为5lx，测点2号测试点垂直照度为4.9lx、4.7lx和5.2lx，求得平均照度值为4.9lx，低于限值5lx，因此此处没有受到光污染。

3号测点位于东边宾馆中间一楼的窗户，宾馆属于低亮度区域的环境亮度类型，代号为E2，对应熄灯时段前的E2，限值为5lx，测点3号测试点垂直照度为4.1lx、4.0lx和4.5lx，求得平均照度值为4.2lx，低于限值5lx，因此此处没有受到光污染。

4号测点位于东南角门卫处窗户，门卫区域属于中等亮度区域的环境亮度类型，代号为E3，对应熄灯时段前的E3，限值为10lx，测点4号测试点垂直照度为4.1lx、4.3lx和3.9lx，求得平均照度值为4.1lx，低于限值10lx，因此此处没有受到光污染。

5号测点位于南边围挡处墙壁，墙壁外的道路属于中等亮度区域的环境亮度类型，代号为E3，对应熄灯时段前的E3，限值为10lx，测点5号测试点垂直照度为4.6lx、4.8lx和5lx，求得平均照度值为4.8lx，低于限值10lx，因此此处没有受到光污染。

综上可知，九所宾馆修缮工程中的装修阶段中，在5组测试数据中，都低于限值，基本不存在光污染超标现象。

4）有害气体污染

根据九所宾馆修缮工程五类污染物现场监测方案及相关监测规范，在九所宾馆修缮工程主体施工测点的有害气体污染监测仪器及施工现场照片如图7-1-9所示。

①5月8日监测结果

九所宾馆修缮工程当天进行的是主体结构施工阶段及地下室的土方回填，旁边的3号楼进行装饰装修。主体结构施工主要进行的是脚手架安装、钢柱吊装及钢结构的焊接，现场东侧和南侧道路各有一台挖掘机进行填挖方作业，东侧道路挖出的土方将用于南侧地下室的填方，场间有三辆土方运输车辆进行土方运输工作。现场东大门处有一台塔式起重机进行的是钢柱吊装工作。监测期间位于场地东侧的钢筋加工区并未进行大面积钢筋及其他物料的加工活动，仅在主体结构内部施工区存在木模板切割加工及钢结构焊接等施工活动，主体结构内部施工区东侧有施工人员正在进行砌体结构施工。3号楼内部装饰装修主要进行的是墙纸铺贴、木材切割及部分墙面修补工作。

根据现场实测的有害气体类型及浓度，整个主体施工场区和3号楼的装饰装修阶段测到的有害气体主要为一氧化碳（CO）和二氧化硫（SO_2）。由于当天监测时，手持气象站并未到货，因此对于气象的监测数据是没有的。

从总体测出的数据来看，有害气体的浓度数据均较低，其中一氧化碳（CO）最高浓度为2ppm（即3.44mg/cm^3），出现在4号测点（南侧围墙）、5号测点（南出入大门）及3号楼内的测点；二氧化硫（SO_2）最高浓度为0.3ppm（即0.79mg/cm^3），出现在4号测点（南侧围墙）。在场区西北角对照点测到的一氧化碳（CO）浓度为0ppm（即0mg/cm^3），二氧化硫（SO_2）浓度为0.1ppm（即0.26mg/cm^3），由于该测点受厂区内施工环境的影响较小，因此可以作为整个施工场区的背景浓度数值。可见本项目内部有害气体浓度并不高，符合要求。

主体施工阶段钢筋加工区因在测量时间段并未进行长时间的加工作业，未采集足够数据，后期如有可以进行加测。因 3 号楼内进行的装饰装修活动较少，监测数据需要在后期进行完善。

根据现场监测数据及监测人员实际感官情况来看，九所宾馆修缮工程现阶段所存在的有害气体来源主要是钢结构焊接活动、现场偶尔出现的土石方运输车辆及部分暴露在阳光下的地下室防水材料，但其所产生的有害气体对于场区周边的影响较小，而对于实际在施工中的工作人员来说影响稍大，尤其是钢结构焊接及在暴露于阳光下的地下室防水材料周边施工的工作人员，因此可以加强对这一块的防控。

② 5 月 11 日监测结果

九所宾馆修缮工程当天进行的是主体结构施工阶段，主体结构南侧存在部分地下室的土方回填作业。主体结构施工主要进行的是脚手架安装、砌体结构施工，主体结构南侧存在部分地下室的土方回填作业。现场东大门处塔式起重机进行的是脚手架施工所用材料的吊装工作。南侧道路的混凝土临时搅拌站进行混凝土搅拌工作。监测期间位于场地东侧的钢筋加工区并未进行大面积长时间的钢筋及其他物料的加工活动，主体结构内部施工区东侧及西侧有施工人员正在进行砌体结构施工。

根据现场实测的有害气体类型浓度，整个主体施工场区和测到的有害气体主要为一氧化碳（CO）和二氧化硫（SO_2），测出的数据均偏低，部分测点测出过硫化氢（H_2S）、甲醛（CH_2O）和甲硫醇（CH_4S）。

根据最后的监测结果来看，一氧化碳（CO）最高浓度为 3.7ppm（即 4.24mg/cm^3），二氧化硫（SO_2）最高浓度为 0.46ppm（即 1.20mg/cm^3），硫化氢（H_2S）最高浓度为 1ppm（即 1.39mg/cm^3），这三个指标最大值均出现在 4 号测点（南侧围墙），出现的时间为 12：04～13：01 这一测试时段中，该时段温度均值为 33.60℃，湿度均值为 58.3%，气压均值为 1004.63hPa，风速均值为 0.95m/s，风向为南风。

甲醛（CH_2O）最高浓度为 4.17ppm（即 5.12mg/cm^3），甲硫醇（CH_4S）最高浓度为 0.1ppm（即 0.20mg/cm^3），这两个指标最大值均出现在 3 号测点（会议室楼顶），出现的时间为 12：24～12：39 这一测试时段中，该时段温度均值为 35.17℃，湿度均值为 60.80%，气压均值为 1005.13hPa，风速均值为 1.03m/s，风向为东南风。其中硫化氢（H_2S）、甲醛（CH_2O）和甲硫醇（CH_4S）的出现可能是由于 4 号测点离暴露在空气中的地下室防水结构较近，由于高温的原因，存在有毒有害气体逸出，且有较为刺鼻的味道，还有一个原因就是本身监测这几个指标的仪器在高温下也会逸出部分有害气体，因此对监测数据也会有点影响。其他常规指标，即一氧化碳（CO）和二氧化硫（SO_2）的浓度都不是过高。

在场区西北角对照点测到的一氧化碳（CO）最高浓度为 2.0ppm（即 2.29mg/cm^3），二氧化硫（SO_2）浓度为 0.2ppm（即 0.52mg/cm^3），其他有害气体指标均为 0，出现的时间为 13：25～13：30 这一测试时段中，该时段温度均值为 32.40℃，湿度均值为 59.00%，气压均值为 1004.10hPa，风速均值为 0.60m/s，风向为东风。可见本项目内部有害气体浓度并不高，符合要求。

主体施工阶段钢筋加工区因在测量时间段并未进行长时间的加工作业，因 3 号楼内进行的装饰装修活动较少，未采集足够数据，后期如有施工活动可以进行加测。

根据现场监测数据及监测人员实际感官情况来看（图 7-1-9），九所宾馆修缮工程现阶段所存在的有害气体来源主要是钢结构焊接活动及部分暴露在阳光下的地下室防水材料，但其所产生的有害气体对于场区周边的影响较小，而对于实际在施工中的工作人员来说影响稍大，因此可以加强对这一块的防控。

(*a*)　(*b*)　(*c*)　(*d*)

图 7-1-9　有害气体污染监测仪器及施工现场

第二节　中心医院门诊楼建设项目

1. 项目概况

1）工程概况

本工程为长沙市中心医院新建医疗综合楼项目，新址建设用地位于长沙市雨花区韶山南路 161 号，新建医疗综合楼位于院区西南角，北侧为红线外已有住宅楼（图 7-2-1）。

本工程地下 3 层，地上 22 层（不包括设备层），建筑物总高 91.8m，层高为 3.9～4.8m 不等，其中标准层层高为 3.9m，为三级甲等医院，结构设计使用年限 50 年，结构形式为钢筋混凝土框架剪力墙结构，抗震设防烈度为 7 度。防火设计建筑分类为一类高层建筑，耐火等级地上一级，地下一级。地下室防水等级一级，屋面防水等级为Ⅰ级。

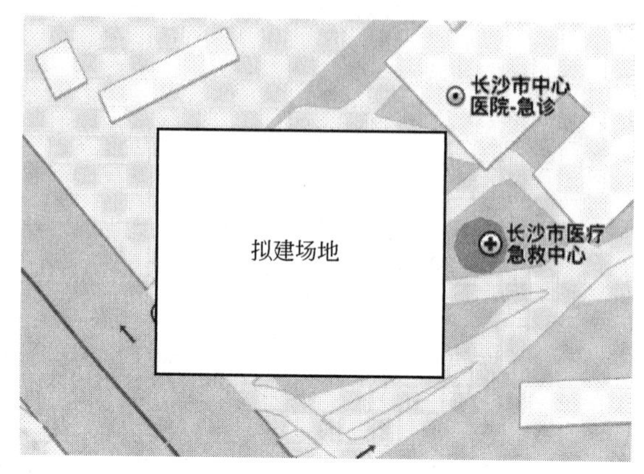

图 7-2-1　工程地理位置示意图

2）环境概况

（1）气象条件

长沙属亚热带季风气候，气候特征是：气候温和，降水充沛，雨热同期，四季分明。长沙市区年平均气温 17.2℃，各县 16.8～17.3℃，年积温为 5457℃，市区年均降水量 1361.6mm，各县年均降水量 1358.6～1552.5mm。长沙夏冬季长，春秋季短，夏季约 118～127d，冬季 117～122d，春季 61～64d，秋季 59～69d。春温变化大，夏初雨水多，伏秋高温久，冬季严寒少。3 月下旬至 5 月中旬，冷暖空气相互交替，形成连绵阴雨低温寡照天气。从 5 月下旬起，气温显著提高，夏季日平均气温在 30℃以上有 85d，气温高于 35℃的炎热日，年平均约 30d，盛夏酷热少雨。9 月下旬后，白天较暖，入夜转凉，降水量减少，低云量日多。从 11 月下旬至第二年 3 月中旬，节届冬令，长沙气候平均气温低于 0℃的严寒期很短暂，全年以 1 月最冷，月平均为 4.4～5.1℃，越冬作物可以安全越冬，缓慢生长。长沙常年主导风向为西北风，夏季主导风向为东南风。

（2）周边环境

本工程位于长沙市雨花区韶山南路 161 号，施工现场场地非常紧张，可以利用的空地很少，施工场地紧邻医院急救中心和市政道路，安全文明施工要求非常高。

2. 监测依据

（1）《建筑工程绿色施工评价标准》GB/T 50640—2010；

（2）《工作场所有害因素职业接触限值 第 1 部分：化学有害因素》GBZ 2.1—2007；

（3）《建筑工程绿色施工规范》GB/T 50905—2014；

（4）《建设工程施工现场环境与卫生标准》JGJ 146—2013；

（5）《声环境质量标准》GB 3096—2008；

（6）《建筑施工场界环境噪声排放标准》GB 12523—2011；

（7）《社会生活环境噪声排放标准》GB 22337—2008；

（8）《建筑照明设计标准》GB 50034—2013；

（9）《室外照明干扰光限制规范》GB/T 35626—2017；

（10）《城市夜景照明设计规范》JGJ/T 163—2008；

（11）国家或行业其他测量规范、强制性标准；

（12）中心医院门诊楼建设工程相关设计图纸；

（13）中心医院门诊楼建设工程现场监测方案。

3. 监测目的

该研究以施工全过程中噪声污染及光污染的产生和传播为研究对象，探究噪声污染及光污染产生和传播的相关规律，以绿色施工环境保护为目标，为施工现场噪声污染及光污染的监测与控制提供理论和实践依据。通过对典型施工项目进行实地调研，并在施工全过程中对建筑施工工地进行噪声污染及光污染监测，采用数值实测的方法，对噪声污染及光污染的形成机理、影响范围及危害进行研究，总结施工现场噪声污染及光污染防控办法及具体控制指标，为其他施工现场噪声污染及光污染的监测和控制提供参考与借鉴。

4. 监测工作进展情况

1）监测仪器情况

① 噪声污染

中心医院门诊楼建设工程监测的施工阶段为主体结构施工阶段及 3 号楼的装饰装修阶段，监测方法为手持仪器监测，监测仪器如表 7-2-1 所示。

监测仪器统计表　　　　**表 7-2-1**

序号	名称	型号	数量	可测指标	厂家
1	噪声分析仪	AWA6270＋	5	等效 A 声级	杭州爱华仪器有限公司

② 光污染

中心医院门诊楼建设工程监测的施工阶段为主体结构施工阶段及 3 号楼的装饰装修阶段，监测方法为手持仪器监测，监测仪器如表 7-2-2 所示。

监测仪器统计表　　　　**表 7-2-2**

序号	名称	型号	数量	可测指标	厂家
1	MK350S 手持式照度计	MK350S	2	照度	台湾 UPRtek 有限公司

2）测点布置情况

① 噪声污染

根据中心医院门诊楼建设工程五类污染物现场监测方案及相关监测规范，在中心医院门诊楼建设工程地下结构施工阶段设置了如图 7-2-2 所示的测点，相关测点说明如表 7-2-3 所示。

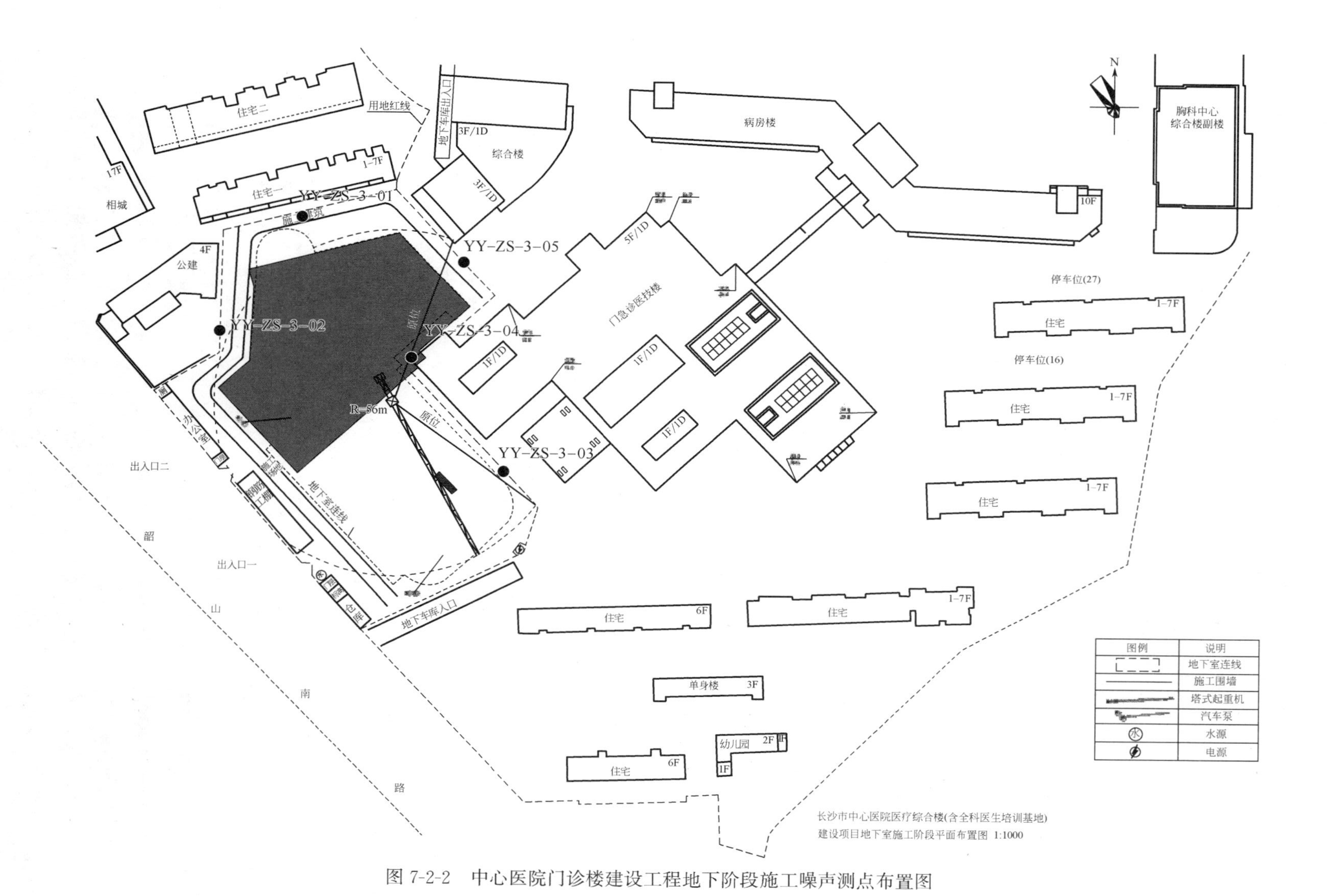

图 7-2-2 中心医院门诊楼建设工程地下阶段施工噪声测点布置图

噪声测点布置及要求　　表 7-2-3

声环境功能区	测点	位置描述	仪器摆放架及要求	备注
1类	YY-ZS-3-01	讲解台附近围挡处	置于围挡上沿高度处	/
1类	YY-ZS-3-02	高压配电室附近花坛围挡处	置于围挡上沿高度处	/
1类	YY-ZS-3-03	架管架料堆码附近围挡处	置于围挡上沿高度处	/
1类	YY-ZS-3-04	原有建筑转角窗台处	窗台窗沿处	/
1类	YY-ZS-3-05	现场施工用电配电间与配电值班室之间的附近围挡处	置于围挡上沿高度处	/

② 光污染

根据中心医院门诊楼建设工程五类污染物现场监测方案及相关监测规范，在中心医院门诊楼建设工程地下结构施工阶段设置了如图 7-2-3 所示的测点，相关测点说明如表 7-2-4 所示。

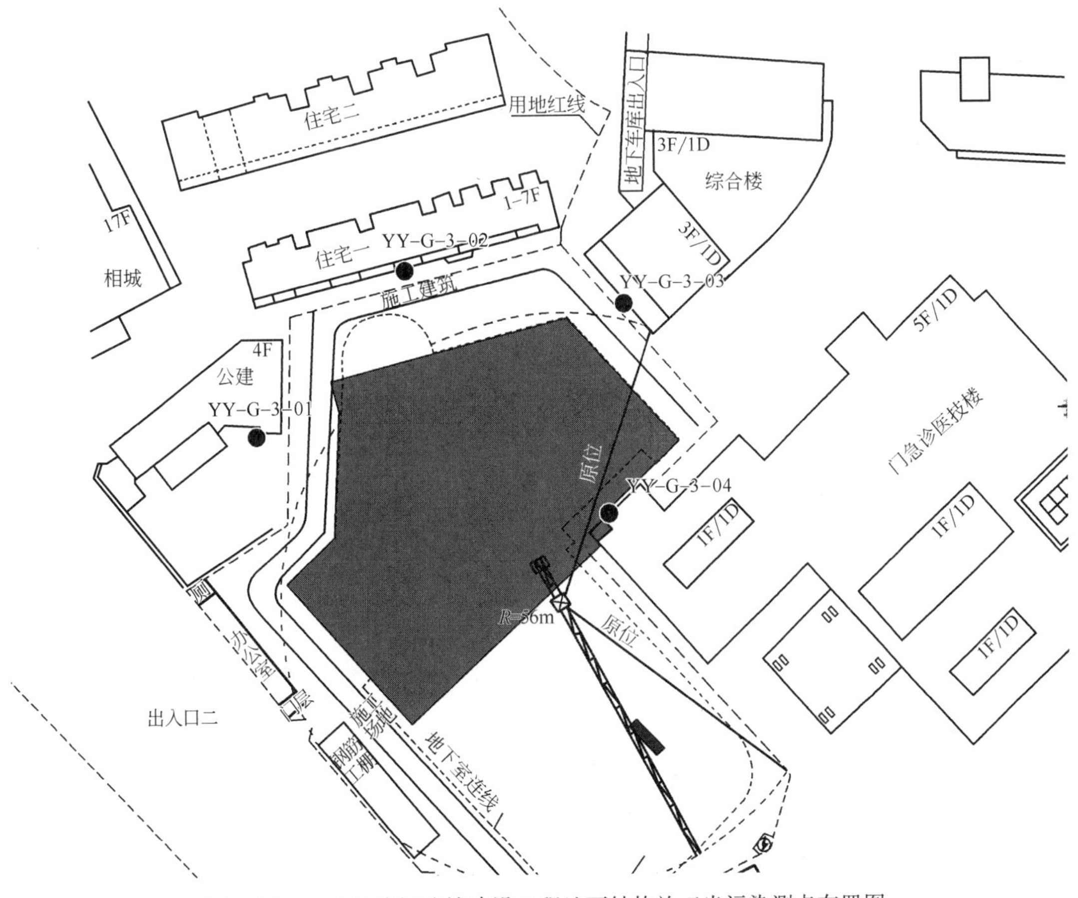

图 7-2-3　中心医院门诊楼建设工程地下结构施工光污染测点布置图

光测点布置及要求　　表 7-2-4

环境亮度分区	测点	位置描述	备注
E2	YY-G-3-01	公寓楼二楼窗户处	/
E2	YY-G-3-02	居民楼二层受影响最大窗户	根据影响程度可增加选取窗户数量

续表

环境亮度分区	测点	位置描述	备注
E2	YY-G-3-03	/	/
E2	YY-G-3-04	门诊楼二楼窗户	/

3）**监测点保护与恢复**

① 用编号贴纸及警示贴纸标示测点位置。标号贴纸包括项目名称及测点编号，以白底绿字进行标示，贴于监测平台。警示贴纸包括警示标语，以黄底红字进行标示，贴在监测点下方围挡或墙壁。

② 加强现场施工工人对测点的保护意识，安排专人巡查记录，如一旦发现测点被破坏立即组织人员进行修复，条件允许情况下 24h 以内恢复测点。

5. 监测结果及评价

中心医院门诊楼建设工程进行了两次完整的监测，监测的施工阶段为地下结构施工阶段，监测方法为手持仪器监测。

1）**噪声污染**

根据中心医院门诊楼建设工程五类污染物现场监测方案及相关监测规范，在中心医院门诊楼建设工程地下结构施工测点的监测数据如表 7-2-5 和表 7-2-6 所示。噪声污染监测仪器及施工现场照片如图 7-1-6 所示。

1 号测试点位于场地讲解台附近围挡处，围挡北边是居民楼，属于 1 类声环境功能区。测得 1 号测试点等效 A 声级数据分别为 82.1dB（A）、63.1dB（A）、63.1dB（A）、64.9dB（A）、64.3dB（A），64.4dB（A）、65.2dB（A）、63.9dB（A）、64.9dB（A），最大值为 82.1dB（A），利用中午休息时停工的时间测得背景噪声的等效 A 声级为 57.6dB（A）。最大值大于白天建筑施工场界噪声限值 57dB（A），故超标。

夜晚测得 1 号测试点等效 A 声级数据分别为 62.7dB（A）、68.3dB（A）、65.3dB（A）、63.9dB（A）、64.6dB（A）、62.5dB（A）、63.6dB（A）、63.5dB（A），最大值为 68.3dB（A），利用休息时停工的时间测得背景噪声的等效 A 声级为 40dB（A）。最大值大于夜晚建筑施工场界噪声限值 49dB（A），故超标。

2 号测试点位于高压配电室附近花坛围挡处，附近是会议室，属于 1 类声环境功能区。测得 2 号测试点等效 A 声级数据分别为 57dB（A）、66.4dB（A）、68.7dB（A）、68.6dB（A）、68.3dB（A）、68.4dB（A）、69.3dB（A）、69dB（A），最大值为 69.3dB（A），利用中午休息时停工的时间测得背景噪声的等效 A 声级为 60dB（A）。最大值大于白天建筑施工场界噪声限值 57dB（A），故超标。

夜晚测得 2 号测试点等效 A 声级数据分别为 66.9dB（A）、71.6dB（A）、73.1dB（A）、73.3dB（A）、75.4dB（A）、71.8dB（A）、70.9dB（A）、73.4dB（A），最大值为

75.4dB（A），利用休息时停工的时间测得背景噪声的等效 A 声级为 40dB（A）。最大值大于夜晚建筑施工场界噪声限值 49dB（A），故超标。

3 号测试点位于管料堆附近围挡处，此处距离施工现场较远，故未测。

4 号测试点位于原有建筑转角窗台处，此处为医院急诊，属于 1 类声环境功能区。测得 4 号测试点等效 A 声级数据分别为 57.3dB（A）、83.6dB（A）、68.8dB（A）、68.5dB（A）、69.8dB（A）、75.5dB（A）、74.2dB（A）、68.6dB（A）、76.6dB（A），最大值为 83.6dB（A），利用中午休息时停工的时间测得背景噪声的等效 A 声级为 62.5dB（A）。最大值大于白天建筑施工场界噪声限值 57dB（A），故超标。

夜晚测得 4 号测试点等效 A 声级数据分别为 64.5dB（A）、68.2dB（A）、65.9dB（A）、66.2dB（A）、70.8dB（A）、64.9dB（A）、66.4dB（A）、64.4dB（A），最大值为 70.8dB（A），利用休息时停工的时间测得背景噪声的等效 A 声级为 40dB（A）。最大值大于夜晚建筑施工场界噪声限值 49dB（A），故超标。

5 号测试点位于现场施工用电配电间与配电值班室之间的附近围挡处，围挡外是医院专家楼，属于 1 类声环境功能区。测得 5 号测试点等效 A 声级数据分别为 55.8dB（A）、65.2dB（A）、64.4dB（A）、66.3dB（A）、66.2dB（A）、65.8dB（A）、67dB（A）、65.8dB（A）、69.3dB（A），最大值为 69.3dB（A），利用中午休息时停工的时间测得背景噪声的等效 A 声级为 58.1dB（A）。最大值大于白天建筑施工场界噪声限值 57dB（A），故超标。

夜晚测得 5 号测试点等效 A 声级数据分别为 61.8dB（A）、66.5dB（A）、63.6dB（A）、62.3dB（A）、64.2dB（A）、61.8dB（A）、62.2dB（A）、61.9dB（A），最大值为 66.5dB（A），利用休息时停工的时间测得背景噪声的等效 A 声级为 40dB（A）。最大值大于夜晚建筑施工场界噪声限值 49dB（A），故超标。

分析来看，中心医院门诊楼建设项目目前属于地下结构施工阶段，白天施工现场噪声源主要为混凝土搅拌机、振动棒、电锯、切割机、起重机、升降机及各种发电机、运输车辆等，晚上施工现场噪声源主要为起重机、升降机、浇灌混凝土设备及各种发电机、运输车辆等。

测试仪器的选择合理，测试点包含施工现场各个边，与施工现场附近重要建筑较近，布置较为合理、便捷。总体分析来看，白天，场地 4 个监测点数据（1 号监测点、2 号监测点、4 号监测点、5 号监测点）超过施工场界噪声限值，总体来说超标；晚上，场地 4 个监测点数据（1 号监测点、2 号监测点、4 号监测点、5 号监测点）超过施工场界噪声限值，总体来说超标。

超标的几个监测点离几个重要建筑物较近，这几个建筑物的声环境功能区对于噪声的敏感度比较高，故而容易超标。

一号点 11：40～12：00 的数据出现异常高，不排除当时附近有突发性施工作业或者仪器检测误差出现，若排除这数据，则白天一号点检测区域大致达标。

夜间特意挑选浇灌混凝土作业的时间，场地噪声很大。

针对夜间最大声级评价这一标准，夜间施工过程记录噪声最大瞬时声级，其值超过限值的幅度不得高于 15dB（A），夜间测点数据全部超标。

施工现场布置及现场施工的时候，可以考虑提前分析周围建筑及状况，把大型噪声源远离 0 类或者 1 类声环境功能区，施工现场尽量布置、集中在 2 类或者 3 类的声环境功能区内，减小对声音敏感场所的影响。并且制订合理的施工计划，大型噪声源避免晚上开工或者减少开工时间，夜间 10 点前尽早停工。

中心医院门诊楼建设工程噪声污染昼间监测结果　　表 7-2-5

评价结果									
项目名称		中心医院门诊楼建设项目							
施工阶段		地下结构施工阶段							
日期:5 月 11 日 白天		时间段	L_{Aeq}	L_{Amax}	背景噪声 dB(A)	修正后测试值 dB(A)	所处声功能区	标准要求 dB(A)	达标与否
YY-ZS-3-01	昼间	11：40～12：00	82.1	白天不测	57.6	不需要修正	1 类声功能区	57	否
		13：00～13：20	63.1			62.1			否
		13：20～13：40	63.1			62.1			否
		13：40～14：00	64.9			63.9			否
		14：00～14：20	64.3			63.3			否
		14：20～14：40	64.4			63.4			否
		14：40～15：00	65.2			64.2			否
		15：00～15：20	63.9			62.9			否
		15：20～15：40	64.9			63.9			否
	夜间								
YY-ZS-3-02	昼间	11：40～12：00	57	白天不测	60	需要降低环境噪声	1 类声功能区	57	达标
		13：00～13：20	66.4			65.4			否
		13：20～13：40	68.7			67.7			否
		13：40～14：00	68.6			67.6			否
		14：00～14：20	68.3			67.3			否
		14：20～14：40	68.4			67.4			否
		14：40～15：00	69.3			68.3			否
		15：00～15：20	69			68			否
		15：20～15：40	69			68			否
	夜间								

续表

评价结果									
项目名称		中心医院门诊楼建设项目							
施工阶段		地下结构施工阶段							
日期:5 月 11 日 白天		时间段	L_{Aeq}	L_{Amax}	背景噪声 dB(A)	修正后测试值 dB(A)	所处声 功能区	标准要求 dB(A)	达标 与否
YY-ZS-3-03	昼间				未测		1 类声功能区	57	
	夜间								
YY-ZS-3-04	昼间	11∶40～12∶00	57.3	白天不测	62.5	需要降低 环境噪声	1 类声功能区	57	否
		13∶00～13∶20	83.6			不需要修正			否
		13∶20～13∶40	68.8			67.8			否
		13∶40～14∶00	68.5			67.5			否
		14∶00～14∶20	68.8			68.8			否
		14∶20～14∶40	75.5			不需要修正			否
		14∶40～15∶00	74.2			不需要修正			否
		15∶00～15∶20	68.6			67.6			否
		15∶20～15∶40	76.6			不需要修正			否
	夜间								
YY-ZS-3-05	昼间	11∶40～12∶00	55.8	白天不测	58.1	不需要修正	1 类声功能区	57	否
		13∶00～13∶20	65.2			64.2			否
		13∶20～13∶40	64.4			63.4			否
		13∶40～14∶00	66.3			65.3			否
		14∶00～14∶20	66.2			65.2			否
		14∶20～14∶40	65.8			64.8			否
		14∶40～15∶00	67			66			否
		15∶00～15∶20	65.8			64.8			否
		15∶20～15∶40	69.3			不需要修正			否
	夜间								

中心医院门诊楼建设工程噪声污染夜间监测结果 **表 7-2-6**

评价结果									
项目名称		中心医院门诊楼建设项目							
施工阶段		地下结构施工阶段							
日期:5月12日 夜晚		时间段	L_{Aeq}	L_{Amax}	背景噪声 dB(A)	修正后测试值 dB(A)	所处声功能区	标准要求 dB(A)	达标与否
YY-ZS-3-01	昼间				40		1类声功能区	49	
	夜间	21:20～21:40	62.7	74.5		不需要修正			否
		21:40～22:00	68.3	80.8		不需要修正			否
		22:00～22:20	65.3	79.5		不需要修正			否
		22:20～22:40	63.9	78.9		不需要修正			否
		22:40～23:00	64.6	80		不需要修正			否
		23:00～23:20	62.5	80		不需要修正			否
		23:20～23:40	63.6	80.2		不需要修正			否
		23:40～24:00	63.5	79.8		不需要修正			否
YY-ZS-3-02	昼间				40		1类声功能区	49	
	夜间	21:20～21:40	66.9	86.5		不需要修正			否
		21:40～22:00	71.6	90.2		不需要修正			否
		22:00～22:20	73.1	95		不需要修正			否
		22:20～22:40	73.3	86.4		不需要修正			否
		22:40～23:00	75.4	89		不需要修正			否
		23:00～23:20	71.8	91		不需要修正			否
		23:20～23:40	70.9	90.1		不需要修正			否
		23:40～24:00	73.4	93.7		不需要修正			否
YY-ZS-3-03	昼间				未测		1类声功能区	49	
	夜间								

续表

评价结果									
项目名称		中心医院门诊楼建设项目							
施工阶段		地下结构施工阶段							
日期:5 月 12 日夜晚		时间段	L_{Aeq}	L_{Amax}	背景噪声 dB(A)	修正后测试值 dB(A)	所处声功能区	标准要求 dB(A)	达标与否
YY-ZS-3-04	昼间				40		1 类声功能区	49	
	夜间	21：20～21：40	64.5	76.4		不需要修正			否
		21：40～22：00	68.2	82.4		不需要修正			否
		22：00～22：20	65.9	77.6		不需要修正			否
		22：20～22：40	66.2	76		不需要修正			否
		22：40～23：00	70.8	81.2		不需要修正			否
		23：00～23：20	64.9	76.2		不需要修正			否
		23：20～23：40	66.4	79.4		不需要修正			否
		23：40～24：00	64.4	76.4		不需要修正			否
YY-ZS-3-05	昼间				40		1 类声功能区	49	
	夜间	21：20～21：40	61.8	79.1		不需要修正			否
		21：40～22：00	66.5	78.9		不需要修正			否
		22：00～22：20	63.6	76		不需要修正			否
		22：20～22：40	62.3	74.4		不需要修正			否
		22：40～23：00	64.2	74.5		不需要修正			否
		23：00～23：20	61.8	75.7		不需要修正			否
		23：20～23：40	62.2	81.8		不需要修正			否
		23：40～24：00	61.9	79.5		不需要修正			否

2）光污染

根据现场实测，选取现场施工区周围最容易受光污染的四栋建筑：北边最靠近施工现场的居民楼，西边的正在装修的办公楼，东边的医院专家楼和东边的医院急诊。分别取它们受光污染最严重、靠近光源最近的窗户，用照度测量计测量窗户三个点得出数据。监测数据如表 7-2-7 所示，在中心医院门诊楼建设工程主体施工测点的光污染监测仪器及施工现场照片如图 7-2-4 所示。

中心医院门诊楼建设工程光污染监测结果 表 7-2-7

项目名称	中心医院门诊楼建设项目				
环境亮度类型	低亮度区域 E2				
居住区光干扰评价					
窗户	熄灯前平均照度值(lx)	控制指标(lx)	熄灯后平均照度值(lx)	控制指标(lx)	是否达标
YYG-3-01	11.2	≤5	无施工	≤1	否
YYG-3-02	未测	≤5	无施工	≤1	
YYG-3-03	未测	≤5	无施工	≤1	
YYG-3-04	18.3	≤5	无施工	≤1	否
综合评价	/	/			否
夜空光污染评价					
灯具编号	上射光比例	控制指标	是否达标		
灯 1	0	≤5	达标		
灯 2	0	≤5	达标		
灯 3	0	≤5	达标		
综合评价	/		达标		

1 号测试点位于场地西边的正在装修的办公楼，选取二楼最靠近场地的窗户作为测点，从上至下监测熄灯前照度，分别测得数据为 10.9(lx)、11.2(lx)、11.4(lx)，平均值为 11.2(lx)，熄灯后照度数值与之相差不大。

2 号测试点位于北边最靠近施工现场的居民楼，但因暂时没有沟通好，未获得进入居民楼测试的许可，此点未测，下次补测。

3 号测试点位于东边的医院专家楼靠近场地的窗户，但因暂时没有沟通好，未获得进入专家楼测试的许可，此点未测，下次补测。

4 号测试点位于场地东边的医院急诊，选取二楼的最靠近场地的窗户作为测点，从上至下监测熄灯前照度，分别测得数据为 18.3(lx)、18.5(lx)、18(lx)，平均值为 18.3(lx)，熄灯后照度数值与之相差不大。

此项目位于低亮度区域 E2 级的环境亮度类型，熄灯前的控制指标为≤5(lx)，熄灯时段的控制指标为≤1(lx)，因此两个测点的监测数值超标。

两个测试点的所测照度数据相差较大，这与工地实际情况有关，和大功率探照灯的高度、角度、个数，探照灯的灯罩大小，以及距离的远近有关。4 号测试点正位于探照灯下方，所受光污染最严重，1 号测试点相对远离探照灯直接照明，因此照度数据较低。

根据不同的施工阶段，采取照明的调整。布置场地时应该考虑周围对光污染敏感建筑，大型探照灯不应该直接对着周围建筑照明，应考虑合理的照射角度。

并且灯罩可以考虑修改设计，可以做到简单调节光的照射范围和角度。合理安排工期，22：00前应该减少探照灯的使用，减小对环境的影响。

图 7-2-4　光污染监测仪器及施工现场

参考文献

[1] Sung Chan Lee, Joo Young Hong, Jin Yong Jeon. Effects of acoustic characteristics of combined construction noise on annoyance [J]. Building and Environment, 92 (2015): 657-667.

[2] Charles J. Kibert. Sustainable Construction: Green Building Design and Delivery [M] . John Wiley & Sons. 2007.

[3] Sung W T, Hsu Y C. Designing an industrial real-time measurement and monitoring system based on embedded system and ZigBee [J] . Expert Systems with Applications, 2011, 38 (4): 4522-4529.

[4] Muller G, Moser M. Handbook of Engineering Acoustics [M] . Berlin Heidelberg: Springer-Verlag, 2013.

[5] IEC. IEC 61672-1, Sound level meters-Part 1: Specifications. IEC, Geneva, Switzerland, 2003.

[6] Baranski R, Wszołek G. Educational Implementation of a Sound Level Meter in the LabVIEW Environment [J] . Archives of Acoustics, 2013, 38 (1): 19-26.

[7] Chen T J, Chiang H C, Chen S S. Effects of aircraft noise on hearing and auditory pathway function of airport employees. [J] . J Occup Med, 1992, 34 (6): 613-619.

[8] Aboqudais S, Alhiary A. Effect of distance from road intersection on developed traffic noise l. [J] . Canadian Journal of Civil Engineering, 2004, 31 (4): 533-538.

[9] Qdais H A, Aboqudais S. Environmental impact assessment of road construction projects. [J] . International Journal of Water Resources Development, 2000, 65 (2): 203-219.

[10] 吕晶．绿色施工量化评价研究 [D] ．重庆：重庆大学，2015.

[11] 郑宇．建筑施工噪声监测及职业健康损害评价研究 [D] ．北京：清华大学，2014.

[12] 潘俊．工程项目绿色施工管理研究 [D] ．重庆：重庆大学，2014.

[13] 孙远涛．建筑施工噪声烦恼度阈限值研究 [D] ．西安：长安大学，2008.

[14] 程晓辉．建筑物拆除施工噪声评价及控制 [D] ．武汉：武汉理工大学，2007.

[15] 杨洁，吴瑞，宋瑞祥，等．几种噪声评价量在建筑施工噪声中的适用性分析 [C] ．全国噪声与振动控制工程学术会议．2015.

[16] 刘宏伟．建筑施工噪声的污染与控制 [J] ．石油化工环境保护，2005，28 (4)：43-45.

[17] 张涛，王成郊，常金岭．夜间建筑施工噪声监测方法分析 [J]．职业与健康，2007，23 (12)：992-993.

[18] 申琳，李晓刚．城市建筑施工噪声污染防治对策研究 [J]．环境科学与管理，2015，40 (12).

[19] 丁媛媛．点源噪声空间扩散模拟研究 [D]．南京：南京师范大学，2008.

[20] 陈辉．工业复杂噪声评价指标优化研究及管理建议 [D]．杭州：杭州师范大学，2016.

[21] 李晓卫．浅谈建筑施工噪声污染防治措施 [J]．四川环境，2016，35 (6)：154-156.

[22] 黄天健．建筑工程施工阶段扬尘监测及健康损害评价 [D]．北京：清华大学，2013.

[23] 李翔玉，孙剑，瞿启忠．建设工程绿色施工环境影响因素评价研究 [J]．环境工程，2015 (3)：118-121.

[24] GB 16297—1996 大气污染物综合排放标准 [S]．1996.

[25] GB/T 50640—2010 建筑工程绿色施工评价标准 [S]．2010.

[26] 田淑芬．绿色建筑与建筑业可持续发展 [J]．建筑经济，2005，(12)：80～82.

[27] GB 12523—2011 建筑施工场界噪声排放标准 [S]．2012.

[28] GB 3095—2012 环境空气质量标准 [S]．2012.

[29] 中华人民共和国大气污染防治法．2015.

[30] 潘俊．工程项目绿色施工管理研究 [D]．重庆：重庆大学，2014.

[31] 张智慧，邓超宏．建设项目施工阶段环境影响评价研究 [J]．土木工程学报，2003 (9)：12-18.

[32] 张雯婷，王雪松，刘兆荣．贵阳建筑扬尘 PM_{10} 排放及环境影响的模拟研究 [J]．北京大学学报（自然科学版），2010 (2)：258-264.

[33] 从晓春．露天尘源风蚀污染的预测与控制技术 [M]．徐州：中国矿业大学出版社，2009.

[34] Drehemel D. The control of fugitive emissions using windscreen: The Third US EPA Symposium on the Transfer and Utilization of Particulate Control Technology, Orlando, Florida, 1981 [C].

[35] Wang G, Cheng S, Wei W, et al. Characteristics and emission-reduction measures evaluation of $PM_{2.5}$ during the two major events: \ {APEC\ } and Parade [J]. Science of The Total Environment, 2017, 595: 81-92.

[36] Cong X C, Yang G S, Qu J H, et al. Evaluating the dynamical characteristics of particle matter emissions in an open ore yard with industrial operation activities [J]. 2016.

[37] 徐谦，李令军，赵文慧．北京市建筑施工裸地的空间分布及扬尘效应 [J]．中国环境监测，2015 (5)：78-85.

[38] 田刚，黄玉虎，樊守彬．扬尘污染控制 [M]．北京：中国环境科学出版社，2013.

[39] GBZ 2.1—2019 工作场所有害因素职业接触限值　第1部分：化学有害因素 [S].

[40] GB/T 50905—2014 建筑工程绿色施工规范 [S].

[41] Office Of Air Quality Planning And Standards U E. Chapter 13: Miscellaneous Sources, AP 42, Fifth Edition, Volume I [Z]. 1995.

[42] London M. The Control of Dust And Emissions During Construction and Demolition Supplemen-

tary Planning Guidance [EB/OL] . https: //www. london. gov. uk / priorities / planning / publications.

[43] 香港环境保护署 . Integrated Waste Management Facilities Environmental Monitoring & Audit Manual [EB/OL] . http: //www. epd. gov. hk/eia/register/report/eiareport/eia _ 1402007/ For%20HTML%20version/EM&A/Section%203. htm.

[44] 赵普生，冯银厂，张裕芬，等. 建筑施工扬尘排放因子定量模型研究及应用 [J] . 中国环境科学，2009 (6)：567-573.

[45] Venkatram A. On estimating emissions through horizontal fluxes [J] . Atmospheric Environment，2004，38 (9)：1337-1344.

[46] Hassan H A，Kumar P，Kakosimos K E. Flux estimation of fugitive particulate matter emissions from loose Calcisols at construction sites [J] . Atmospheric Environment，2016，141：96-105.

[47] Azarmi F，Kumar P，Mulheron M. The exposure to coarse，fine and ultrafine particle emissions from concrete mixing，drilling and cutting activities [J] . Journal of Hazardous Materials，2014，279：268-279.

[48] Vallack H W，Shillito D E. Suggested guidelines for deposited ambient dust [J] . ATMOSPHERIC ENVIRONMENT，1998，32 (16)：2737-2744.

[49] HJ 664—2013 环境空气质量监测点位布设技术规范（试行）[S] . 2013.

[50] HJ/T 55—2000 大气污染物无组织排放监测技术导则 [S] . 2000.

[51] 魏奇科 . 考虑风速风向联合分布的超高层建筑风致振动研究 [D] . 重庆：重庆大学，2011.

[52] 李志龙，谷洪钦，陈春喜 . 统计年限对风向频率统计结果的影响分析 [J] . 安徽农业科学，2014 (03)：878-881.

[53] GB/T 15265—1994 环境空气 降尘的测定 重量法 [S] . 1994.

[54] 李国刚 . 环境空气颗粒物来源解析监测实例 [M] . 北京：中国环境出版社，2015.

[55] 周志恩，张丹，张灿 . 重庆城区不同粒径颗粒物元素组分研究及来源识别 [J] . 中国环境监测，2013 (2)：9-14.

[56] 钟宇红 . 环境空气中总悬浮颗粒物无机组分源解析的比较研究 [D] . 长春：吉林大学，2008.

[57] 梅凡民 . 中国北方典型区域风蚀粉尘释放的实验观测和数值模拟研究 [M] . 西安：西北工业大学出版社，2013.

[58] Roney J A，White B R. Estimating fugitive dust emission rates using an environmental boundary layer wind tunnel [J] . Atmospheric Environment，2006，40 (40)：7668-7685.

[59] 韩旸，白志鹏，姬亚芹，等 . 裸土风蚀型开放源起尘机制研究进展 [J] . 环境污染与防治，2008 (2)：77-82.

[60] Alhajraf S. Computational fluid dynamic modeling of drifting particles at porous fences [J] . Environmental Modelling & Software，2004，19 (2)：163-170.

[61] Vigiak O，Sterk G，Warren A，et al. Spatial modeling of wind speed around windbreaks [J] . Catena，2003，52 (3 - 4)：273-288.

[62] 韩沐辰．CFD在绿色建筑室外风环境评价中的应用研究［D］．重庆：重庆大学，2015.
[63] 王旭．建筑室外风环境和室内通风的试验和数值模拟研究［D］．杭州：浙江大学，2011.
[64] Gu Z，Zhao Y，Li Y，et al. Numerical Simulation of Dust Lifting within Dust Devils—Simulation of an Intense Vortex［J］．Journal of the Atmospheric Sciences，2006，63（10）：2630-2641.
[65] GB/T 50378—2019 绿色建筑评价标准［S］．北京：中国建筑工业出版社，2006.
[66] 张德良．计算流体力学教程［M］．北京：高等教育出版社，2010.
[67] 丁源，吴继华．ANSYS CFX 14.0 从入门到精通［M］. 北京：清华大学出版社，2013.
[68] JGJ 146—2013 建设工程施工现场环境与卫生标准［S］. 2013.
[69] 建质〔2007〕223号．绿色施工导则．
[70] HJ 633—2012 环境空气质量指数（AQI）技术规定（试行）［S］．2012.
[71] 大气颗粒物来源解析技术指南．
[72] HJ/T 14—1996 环境空气质量功能区划分原则与技术方法［S］．1996.
[73] HJ 641—2012 环境质量报告书编写技术规定［S］．2012.
[74] 中华人民共和国建设部令第15号．建设工程施工现场管理规定．1991.
[75] DB 31/964—2016 建筑施工颗粒物控制标准［S］．2016.
[76] 排污费征收标准管理办法四部委第31号令．［S］．2003.
[77] 上海市建筑工程颗粒物与噪声在线监测技术规范（试行）沪环保防〔2015〕520号．［S］．2015.
[78] DB 50/418—2016 重庆市地方标准大气污染物综合排放标准［S］．2016.
[79] 于宗艳，韩连涛．环境空气质量评价模型研究［J］．安全与环境学报，2014，14（4）：251-253.
[80] 迟妍妍，张惠远．大气污染物扩散模式的应用研究综述［J］．环境污染与防治，2007，（5）：376-381.
[81] 郑宇．建筑施工噪声监测及职业健康损害评价研究［D］．北京：清华大学，2014.
[82] 李小冬，高源雪，孔祥勤，等．基于LCA理论的建筑室内装修健康损害评价［J］．北京：清华大学学报（自然科学版），2013，53（1）：66-71.
[83] 曹新颖．产业化住宅与传统住宅建设环境影响评价及比较研究［D］．北京：清华大学，2012.
[84] 孔祥勤．建筑工程生命周期人体健康损害评价体系研究［D］．北京：清华大学，2010.
[85] 李小冬，孔祥勤．国外建筑工程健康损害评价体系研究及进展［J］．环境与健康杂志，2009，26（11）：1030-1033.
[86] 徐智，梅全亭，张晓峰，等．营房室内有害气体污染预测研究［J］．后勤工程学院学报，2006，（1）：101-104.
[87] 韦桂欢．船用涂料释放气体检测及其释放规律研究［D］．天津：天津大学，2008.
[88] 桑长波．煤田火区典型有害气体污染评估及预测研究［D］．西安：西安科技大学，2016.
[89] 方德琼．山地城市污染水管理中有害气体的检测及分布规律研究［D］．重庆：重庆大学，2012.
[90] 汤烨．火电厂大气污染物与温室气体协同减排效应核算及负荷优化控制研究［D］．北京：华

北电力大学，2014.
[91] 李金桃．污泥堆肥发酵车间污染气体散发控制研究 [D]．西安：西安建筑科技大学，2013.
[92] 王文思，崔翔宇，陈宏坤，等．石油行业上游温室气体控制技术路线研究 [C]．//中国环境科学学会 2011 年学术年会论文集．2011：3663-3666.
[93] 谢海涛．生活垃圾填埋场气体控制系统数值模拟及其应用研究 [D]．重庆：重庆大学，2006.
[94] GB 50325—2020 民用建筑工程室内环境污染控制标准 [S]．2010.
[95] GB/T 18883 —2002 室内空气质量标准．[S]．2002.
[96] 建筑用墙面涂料中有害物质限量．GB 18582—2020. [S]．2020.
[97] 国家环保总局公告 2007 年第 4 号．环境空气质量监测规范（试行）．[S]．2007.
[98] GB 14554—1993 恶臭污染物排放标准 [S]．1993.
[99] GB/T 16157—1996 固定污染源排气中颗粒物测定与气态污染物采样方法 [S]．1996.
[100] HJ 633—2012 环境空气质量指数（AQI）技术规定（试行）．[S]．2012.
[101] GB 18483—2001 饮食业油烟排放标准．[S]．2001.
[102] 刘伟，付海陆，耿伟，等．天目山隧道施工污水特征分析及处理 [J]．隧道建设，2017，37（7）：845-850.
[103] 王英．建筑施工中的环境污染问题与防治 [J]．门窗，2017，(3)：242.
[104] 李惠英．建筑工地雨、废水循环利用技术研究 [J]．建材与装饰，2017，(7)：118-119.
[105] 王照锐．环保水质检测仪的研究与设计 [D]．南京：南京航空航天大学，2016.
[106] 袁立刚，崔鑫．建筑工程设计与环境污染问题的探究 [J]．门窗，2015，(7)：115.
[107] 肖湘．施工中污水净化系统的设计与实现 [J]．施工技术，2014，43 (24)：43-46.
[108] 康勇．水环境及其水污染的检测技术探讨 [J]．广东科技，2014，23 (14)：219-220.
[109] 陈力．常规水质检测方法研究 [J]．中国新技术新产品，2013，(23)：173.
[110] 刘洋．峡山水库水环境分析及污染控制对策研究 [D]．成都：成都理工大学，2013.
[111] 谷志旺．建筑施工中的节能减排技术 [J]．建筑施工，2013，35 (1)：65-68.
[112] 史志翔．宝汉高速公路施工水环境保护研究 [D]．西安：长安大学，2012.
[113] 刘付勇．常规参数水质检测系统的设计与实验 [D]．重庆：重庆大学，2011.
[114] 丁远见．隧道施工废水处理技术研究 [D]．广州：暨南大学，2010.
[115] 唐月晴．施工项目环境管理研究 [D]．天津：天津大学，2010.
[116] 朱旻航．重庆山区隧道施工废水混凝处理研究 [D]．重庆：西南大学，2010.
[117] 邬晓光，张建娟，郝毅．公路施工现场污水处理对策研究 [J]．重庆交通学院学报，2007，(1)：105-107.
[118] 郭海，鞠慧岩．嫩江右岸堤防工程施工中的环境保护措施 [J]．东北水利水电，2005，(8)：28-29.
[119] 谭功．水利水电施工中水污染事故及其防治措施 [J]．中国三峡建设，2008，(1)：63-64.
[120] 周孝文，魏庆朝，许兆义，等．天山特长铁路隧道的环境影响与控制研究 [J]．铁道标准设计，2005，(01)：7-10.
[121] 牛建敏，钟昊亮，熊晔．美国、欧盟、日本等地污水处理厂水污染物排放标准对比与启示

[J]．资源节约与环保，2016，(6)：301-302.

[122] GB 50335—2016 城镇污水再生利用工程设计规范 [S]. 2002.

[123] GB/T 18920—2020 城市污水再生利用 城市杂用水水质 [S]. 2020.

[124] GB/T 50640—2010 建筑工程绿色施工评价标准 [S]. 2010.

[125] GB 8978—1996 污水综合排放标准 [S]. 1996.

[126] JGJ 63—2006 混凝土用水标准 [S]. 2006.

[127] GB/T 50905—2014 建筑工程绿色施工规范 [S]. 2014.

[128] 王锋．建筑施工水污染及防治措施 [J]．城市建设理论研究，2014，(11)．DOI：10.3969/j. issn. 2095—2104. 2014. 11. 1460.

[129] 杨春宇，陈仲林．限制泛光照明中光污染研究 [J]．灯与照明，2003，27 (2)：1-3.

[130] 邵力刚，刘蓓．城市光污染及其防治措施 [J]．灯与照明，2006，30 (1)：13-15.

[131] 何旻昊．城市光污染现状与防治对策案例研究 [J]．环境与可持续发展，2008 (4)：41-44.

[132] 李勋栋．上海城市照明光污染现状调研与分析 [J]．光源与照明，2011 (1)：21-24.

[133] 李岷舣，曲兴华，耿欣，等．光环境污染监测分类与控制值探索 [J]．中国环境监测，2013 (2)．

[134] 周丽旋，吴彦瑜，关恩浩，等．广州市光污染的公众主观调查方案设计与结果分析 [J]．中国环境科学，2013，38 (s1)：83-88.

[135] 郝影，李文君，张朋，等．国内外光污染研究现状综述 [J]．中国人口·资源与环境，2014 (s1)：273-275.

[136] 龚曲艺，翁季．城市夜景照明中的光污染及其防治 [J]．灯与照明，2015，39 (3)．

[137] 周倜．城市夜景照明光污染问题及设计对策 [D]．武汉：华中科技大学，2004.

[138] 王振．城市光污染防治对策研究 [D]．上海：同济大学，2007.

[139] 刘鸣．城市照明中主要光污染的测量、实验与评价研究 [D]．天津：天津大学，2007.

[140] 白仲安．上海市城市照明光污染与防治对策研究 [D]．上海：同济大学，2008.

[141] 曹猛．天津市居住区夜间光污染评价体系研究 [D]．天津：天津大学，2008.

[142] 洪艳铌．城市夜景照明中光污染问题分析及对策研究 [D]．武汉：湖北美术学院，2011.

[143] 苏晓明．居住区光污染综合评价研究 [D]．天津：天津大学，2012.

[144] 林晓星．建筑物外立面泛光照明光污染防治 [D]．泉州：华侨大学，2014.

[145] 胡家玉．西安市主城区夜景照明光污染评价与防治研究 [D]．西安：西安建筑科技大学，2015.